ネオワイズ彗星（C/2020 F3）2020年日本国内の観測ではヘール・ボップ彗星以来となる見事な尾を引いたネオワイズ彗星。空が良い場所では、20°以上伸びたイオンの尾（青色）とダストの尾が見えた。2020年7月18日撮影（撮影：津村光則）

12P/ポンス・ブルックス彗星　2024年
りゅう座κ流星群の母天体であると考えられているポンス・ブルックス彗星は、2024年4月20日(21日)に近日点を通過。2024年6月2～3日に地球に1.546 auまで接近した。2024年3月9日撮影（撮影：津村光則）

ラブジョイ彗星（C/2011 W32）2011～2012年
近日点が0.00467au（69万6000km）ときわめて太陽に近いため、太陽接近後に核は分裂してしまうだろうと考えられていた。しかし核は残り、イオンの尾は近日点通過後も長く伸びていた。2012年1月19日撮影（撮影:津村光則）

17P/ホームズ彗星　2007年
2007年10月24～25日にかけて、約14等（約40万倍）も明るくなるというアウトバーストを起こした。アウトバーストに伴い、一時的に塵やガスが噴出し彗星のコマが広がっているのがわかる。2008年1月4日撮影（撮影：津村光則）

13P/オルバース彗星　2024年
2024年7～8月初旬に見ごろとなった。彗星の中心付近がかなり明るく、彗星の頭の近傍ではイオンの尾の中に塊などの構造が見えた。ダストの尾がイオンの尾に比べて明るく、ダストの尾は北側に大きく扇形に広がった。2024年7月29日撮影（撮影:津村光則）

百武彗星（C/1996 B2）1996年
1996年1月の発見から2ヶ月後の3月25日に、地球からわずか0.1auと非常に近い距離を通過し、過去200年間で地球に最も近づいた彗星の一つであった。その尾は100°を超え、その尾は夜空を横切った。1996年3月24日撮影（撮影：津村光則）

ヘール・ボップ彗星（C/1995 O1）1997年
1997年4月1日に近日点通過後の見かけの明るさは−1等前後と明るく、大都市からでもその姿が肉眼でわかった。彗星の核が約60kmと大きく、約18ヶ月にわたり肉眼で見ることができた。（撮影：藤井 旭）

マックノート彗星（C/2006 P1）2007年
頭部の明るさは−6等級で、白昼に肉眼で見ることができた史上最大級の彗星となった。2007年1月12日の近日点通過後は、主に南半球での観測となったが、日本を含む北半球では、長く伸びた尾の先端部の筋状の構造が撮影された。（提供：NASA/Dan Burank）

なぜ彗星は夜空に長い尾をひくのか

宇宙を旅する
不思議な天体の
謎にせまる

渡部潤一

誠文堂新光社

もくじ

第1章　観測風景　9

第2章　彗星とは何か？

2-1　古《いにしえ》から観察されてきた彗星……18
2-2　天体としての彗星の理解へ……22
2-3　天体としての彗星の運動　―軌道の解明へ―……28
2-4　華麗なる尾の謎解き……36
2-5　彗星の成分の特定へ……41
2-6　彗星の正体解明への道のり……45
2-7　彗星とは何か　―その現状認識―……52

第3章　彗星はどこからやってきて、どこへいくのか？

3-1　軌道とは……58
3-2　太陽系のアウトロー　―彗星の軌道―……63
3-3　軌道から見た彗星の種類：黄道彗星、ハレー型彗星、オールト雲彗星……65
3-4　彗星はどこからやってくるのか？……77
3-5　太陽系の内側への軌道進化の道……82

3-6 そもそも彗星の故郷はどうしてできたのか …… 86
3-7 そして彗星はどこへ行くのか？ …… 92
3-8 彗星から小惑星へ？ ─遷移天体を探る─ …… 106
カコミ ダストトレイル理論とは …… 110

第4章 彗星の形の不思議

4-1 彗星の形の基本 …… 112
4-2 彗星の形を決める要素1 ─核の大きさ─ …… 118
4-3 彗星の形を決める要素2 ─ガスと塵の比率─ …… 121
4-4 彗星の形を決める要素3 ─日心距離─ …… 123
4-5 彗星の形を決める要素4 ─地球との距離─ …… 126
4-6 彗星の形を決める要素5 ─地球との位置関係─ …… 127
4-7 彗星の形を決める要素6 ─太陽活動との関係─ …… 139
4-8 彗星の形を決める要素7 ─太陽との相対速度─ …… 146
4-9 彗星の形を決める要素8 ─地球と彗星核の自転軸との関係─ …… 148

第5章 観測風景 その2 153

第6章　彗星の明るさの謎

6-1 彗星の明るさを決める要因 …… 116
6-2 彗星の明るさの距離依存性1 ―地球との距離― …… 168
6-3 彗星の明るさの距離依存性2 ―太陽との距離― …… 171
6-4 彗星の明るさの予測がはずれない例 …… 175
6-5 彗星の明るさの予測がはずれる例 その1 ―日心距離依存性急変型― …… 178
6-6 彗星の明るさの予測がはずれる例 その2 ―分裂・崩壊型― …… 187
6-7 彗星の明るさの確率予測 …… 203

第7章　紫金山・アトラス彗星はどう見えるのか？ ―その予測―

7-1 紫金山・アトラス彗星とは …… 208
7-2 紫金山・アトラス彗星の軌道 …… 209
7-3 どこに見えるのか？ …… 212
7-4 明るさはどうなるか …… 216
7-5 形はどうなるか …… 218
7-6 最新情報 …… 219

第8章　エピローグ　227

第1章　観測風景

厳冬の冬を越え、昼はかなり暖かくなってきたとはいっても、夜の風はまだ冷たかった。強くはなかったが、日本海からやってくる風は、いささか湿気を含んでいるように思え、山田真一はコートの風防をかぶり、周囲の夜空を仰ぎ見た。人工の灯りは一切見えない環境で、明るい星たちが目に飛び込んできた。絢爛豪華な冬の星座たちは西へ傾き、すでに春の星座が主役になりつつあった。ドームの周囲に張りめぐらされた金属製の編み目でできたキャットウォークを少し回り込むと、北東の空高く、北斗七星の勇壮な姿が見えた。

「破軍の星か……。」

その姿に真一は呟きながら、柄のカーブを延長して東から上った明るいうしかい座の一等星アークトゥルスを眺めた。オレンジ色の輝きは、せわしなく瞬いている。そのまま春の大曲線に沿って、目を移すとすでに南東の地平線から昇ったばかりのおとめ座の一等星スピカにたどり着く。こちらもアークトゥルスに負けないくらい瞬きが激しかった。一般的に春先に晴れるときには移動性高気圧が上空をすっぽりと覆い、なんとなく透明度が悪いものの星の瞬きは抑えられることが多い。しかし、今夜はむしろ、冬空に逆戻りしたように透明度は高く、星々が自己主張を繰り返すようにせわしなく瞬いていた。

「シーイングは悪そうだが、天候は持ちそうだなぁ。」

地平線近くまで雲がないことを確かめると、真一は呟いた。半球状の天文台のドームはすでにスリットが開いていて、すでに観測は始まっている。スリットに吹き込む風が強くなると、しばしばヒューという風切音が夜の闇に響く。目が暗闇に慣れてくると、微かな星たちが次第に浮かび上がってくる。真一は、この孤独な時間が好きだった。暗順応と呼ばれる目の反応で完全に目が暗闇に慣れるまで10分から15分ほどはかかる。観測準備をしていた明るいドームの照明を落とし、ドアを開けて、このキャットウォークに出て、5分ほどが経過していた。目が慣れるに従って、もはやなかなか見ることができないような、微かな冬の天の川も見えるようになってきた。

人里離れた場所に真一が勤務する天文台はある。もともとの町の名前に「星」が付いていたくらいだから、人口が少なく、人工灯火も少なかったところに、天文台が建設されたのだ。それを契機に夜間の人工灯火を抑制するような条例が作られ、星空環境が守られているのだ。とはいえ、山の端をよく眺めると遠方の集落や町の存在がわかるように、ぼんやりと明るくなっている。目が慣れてくると、そんな微かな光もよく見えてくるようになる。人々の暮らしの灯りに他ならない、それらの光は直接は見えないものの、地平線近くの低空の空がぼんやりと明るみを帯びるのである。真一は、その光を眺めると、そこには人々が暮らしているのだ、と主張しているように思えるのだ。もちろん、天体観測には、こういった遠方の町灯りの影響も光害として大敵ではある。しかし、そこに住む人々の平穏な暮らしをいろいろな災害から守ること、その一つが真一が勤めるスペースガードセンターの役割であることを思うと、決してネガティブな感情が湧くわけではなかった。スペースガード、つまり宇宙防衛とも訳される意味は、地球に衝突する可能性のある危険な天体、おもに小惑星を発見・観測・追跡し、その軌道を定めると同時に衝突の可能性を算出、将来的に子々孫々にわたって、天体衝突の被害を未然に防ぐという、人類としての崇高な目標である。ここも、その理想を掲げて、世界中に展開している天文台の一つなのだ。

地平線近くから真上に視線を移すと、春の代表星座であるしし座が天を越えていくところだった。と、ドームの中から真一を呼ぶ声が聞こえた。

「山田君、ドームを回すよ！　気をつけて！」

キャットウォークは回転するドームに手が届く場所に設置されており、急にドームが回り出すと巻き込まれてしまう可能性もあるので、声かけ確認である。

「了解です！」

真一が大声で返事をすると、ゴーッという音と共に、天文台のドームが回転を始めた。南向きだったスリットの向きが東に変わっていく。真一は、背後に回転するドームの気配を感じながら、キャットウォークの手すりにもたれてじっとしていた。ドームの向く東の方向には、アークトゥルスがオレンジ色の光を瞬かせている。やがてドームの回転が止まると、真一は重い扉を開けてドームにいったん戻り、赤色の懐中電灯を点けて、ドーム内から階下の観測室へと戻ろうとした。先ほどドームから声をかけてくれた同僚の奥山一郎は、すでに準備を終えて階下に戻っているようだった。

さすがに室内は暖かく、観測室に入るとと、暗順応した目には部屋の灯りがまぶしかった。ディスプレイがたくさん並び、それぞれ望遠鏡やドーム、そして観測装置などのステータスを表示している。そのディスプレイの一つに、奥山は今夜の観測領域のデータであろう、一心不乱に数値を打ち込んでいた。いったん打ち込んで動かしてしまえば、天候が急変しない限りは、天体望遠鏡は自動で観測を行っていくはずである。

「奥山さん、なにか手伝いますか？」

一郎は、振り向くことなく、応える。

「いや、もうすぐ終わるから大丈夫だ。それより……。」

相変わらず、データを打ち込みながら続けた。

「南アフリカがおもしろい天体を見つけたらしいのは聞いた？」

南アフリカというのは、サザーランド天文台に設置された、広い視野を一度に撮影できる小惑星捜索用の50センチ・シュミット望遠鏡である。通称アトラス（Asteroid Terrestrial-impact Last Alert System、ATLAS）プロジェクトとも呼ばれている。いずれにしろ真一には初耳である。

「いえ、知りませんが…NEOですか？」

NEOとはNEAR EARTH OBJECTSの略で、地球に接近する天体の総称である。一般に地球に近づく天体は、その見かけの移動速度が速いために、世界中で連携を取って追跡しないと見失われてしまうことが多い。そこで、スペースガードに加わっている天文台には、そういった天体が発見されると、即座に情報共有され、観測することになっている。

「いや、NEOじゃなくてね。どうも新しい彗星らしい。それもね、まだ遠方にもかかわらず、かなり明るくてね。その暫定軌道から考えると来年の秋に肉眼彗星になる可能性があるようなんだ。」

真一は、明るい彗星というのを、これまで見たことがなかった。興味はないことはないのだが、これまでの研究生活の中でも明るい彗星が出現してこなかったからだ。

「それはおもしろいですね、名前はどうなったんですか？」

新しい彗星が発見された場合、国際天文学連合がルールに従って発見者の名前をつけることになっている。情報が公開されているのだから、すでに命名されているはずだ。

「それがねぇ。ちょっと複雑な事情があって、紫金山・アトラスになったようだよ。」

「え、紫金山って、南京の天文台ですか?」

「そう。アトラスプロジェクトのピーターたちが発見報告したんだが、それよりかなり前に紫金山天文台で小惑星として発見されていたらしい。その後、両者の軌道が一致したんで、こういう名前になったようだね。」

確かに事情は複雑である。彗星は発見者の名前がつけられることになっているが、プロによって発見された場合は、その天文台やプロジェクトの名前がつけられることが多い。今回は、南アフリカにあるアトラスプロジェクトによって、彗星活動をする天体として2023年2月22日に発見された。しかし、その軌道を決定していく過程で、国際天文学連合の小惑星センターは、この新彗星が2023年1月9日に紫金山天文台の望遠鏡によって小惑星としてとらえられていたことがわかったのだ。この小惑星は、確認待ち天体リストに追加され、公表されたが、NEOでもなかったので、他のスペースガードなどでも追跡されずに見失われたとしたとして、1月30日には当該リストから外されていたのである。こうして、この彗星は発見が早い順に、紫金山・アトラス彗星と命名されることになった。正式名称はC/2023 A3 (Tsuchinshan-ATLAS)である。さらに、小惑星センターの膨大な観測データベースアーカイブと照合した結果、2022年の観測も見つかり、日本の中野主一によって、暫定軌道が公表されたのが2月28日だったようだ。さっそく真一も、ディスプレイの一つに陣取って、国際天文学連合の速報を見てみた。CBETと呼ばれる小惑星センターから出版されている速報である。最新の5228号には、次の軌道要素が掲載されていた。

EPoch = 2024 Oct. 17.0 TT
T = 2024 SePt.28.23711 TT　　Peri. = 308.54555
e = 0.9998961　　Node = 21.57176 2000.0
q = 0.3909142 AU　　Incl. = 139.09511

真一は呟くようにいった。

「おお、これは…オールトの雲からやってきたヤツですね。」

太陽にもっとも近づくのは2024年9月28・24日、近日点（太陽にもっとも近づく）距離は0・39天文単位、軌道の離心率（円からの歪み具合）は0．9998961と、かなり放物線に近い長楕円軌道であった。この程度の細長さになると、軌道周期はほとんど決まらない。数学的には周期が8万年と算出できるが、誤差が大きすぎて数万年から数十万年の間になってしまう。いずれにしろ、それだけ遠方からやってきた彗星ということだ。そして、その後の説明に息をのんだ。現在の位置から推定された絶対等級は7等で、このまま明るさが上昇していくと、太陽に近づく頃には3等級になるという予想が掲載されていたのだ。

奥村一郎は、データを打ち込み終えたのか、真一の方を向いて言葉を続けた。

「そうだねぇ。おそらくオールトの雲からの新彗星だね。ただ、こういった彗星に過度に期待しては駄目だよ。なにしろ彗星は「水もの」だから、これまで途中で消えちゃったのもあるしね。」

真一は思い出した。かつて学生の頃、アイソン彗星というのがずいぶんと話題になったことがある。太陽にきわめて接近するため、その後、尾を長く伸ばした大彗星になると社会的にもブームとなった。しかし、完全に消滅してしまったのだ。

ピーと甲高い警告音が観測室に響き渡った。

「お、曇ったか?」

奥村は、観測制御とは別のモニターに近づき、その画面を眺め始めた。赤外線で雲が明るく白く映し出される全天カメラのデータが表示されている。先ほどまではまったく雲がなかったのだが、望遠鏡の向いている方向の夜空が白くなって星が見えなくなっていた。雲が出てきたようだ。曇ると自動的に警告音が鳴り、観測者に知らせる仕組みになっているのである。

「山田君、外に出て、様子を見てきてくれないか。」

「承知しました。」

真一は、そう答えると、階上に上り、ドームの扉を開けキャットウォークに出た。目が慣れてくると、なるほど東側に確かに薄い雲が出てきているのがわかった。高層雲だろうか。これだと満足な観測はできそうにない、と思って南側を見ると、そこには一直線に伸びた雲の切れ端があった。飛行機雲である。このあたりの上空も飛行機はよく飛ぶので、飛行機雲もしばしば見えることがあるのだが、このときはまるで彗星の尾みたいだなぁ、と真一は思った。果たして、今回の彗星は、こんな見事な尾を見せてくれるのだろうか。

第2章

彗星とは何か？

2.1 古《いにしえ》から観察されてきた彗星

天体望遠鏡がない時代、彗星はまったく謎に包まれた天体であった。通常の恒星とは異なり、夜空に突然に現れては、星座の間を日ごとに動いていく。惑星のように規則性があるようには見えず、まったく予測不可能だった。毎夜、星々の間を縫うように動いていくスピードも当時は誰も予測できなかったし、その姿・形も変わっていくことが多かった。また、恒星とは異なり、目に見えて大きさがあるため長星と記述され、また多くの場合、尾をたなびかせることが多く、その尾がまるで「箒」のように見えるために、別名、ほうき星とも呼ばれてきた。

このような彗星の特徴は、いまでも比喩として用いられることがある。それまでほとんど無名だった人が、一挙に頭角を現し、世間に認知されるようになったときなどに、しばしばニュースの見出しには「XX界に彗星、現る」などと用いられる。

古《いにしえ》の人々の間で知られていた彗星の二つの特徴に起因している。こういった比喩に用いられるのは、何の予告もなく突然に現れること、そして現れた彗星が華麗な姿を見せるという特徴である。（ちなみに、同じような比喩に用いられる天体として新星や超新星があるが、こちらは彗星が持つ後者の特徴は有していない。）

こうした特徴のため、彗星は天空に出現する天体の中で、きわめて変わり者であった。その正体がある程度、理解されるまでは、その姿・形の気味悪さもあって、どちらかといえば凶兆とされていた。なにしろ、彗星の頭部は緑色に輝き、その光塊はまるで人魂のようだし、後に詳しく述べるように、その頭部から伸びる尾は、しばしば不気味なほど青色に輝き、幽霊の気の様に思われたことも多いからだ。ゆえに天体の中では、どちらかといえば忌み嫌われた部類だったといえるだろう。日本で彗星出現の記述が初めて古文書に現れたのは『日本書紀』である。

「正月己巳、長星見西北、時みん師曰、彗星也。見則飢之（みゆれば、いひうえす）」

西暦639年の彗星出現に際して、高名なみん法師が、「これは彗星という天体で、これが現れると飢饉になる」と述べている。こうした凶兆としての見方は、洋の東西を問わない。ローマのジュリアス・シーザーが暗殺された後に大彗星が現れ、語り継がれたことは有名である。暗殺は紀元前44年3月であったが、その2ヶ月ほど後にローマで大彗星が出現し、シーザーの死と関連づけられたのである。後のシェイクスピアの戯曲には「乞食が死んでも彗星は出現しないが、王侯貴族なら天は自ら焔を放つ」という台詞があるほどだ。さらに時代が進んでも、その正体がわからないうちは大きな影響力を持ち続けた。その一例が1066年のノルマンジー公のイングランド征服時の大彗星であろう。戦争の最中に、イングランド軍の兵士は大彗星の出現に気づき、戦意を喪失し、ノルマンジー軍の勝利に繋がったとされている。ただ、実際にはイングランド軍は、その直前にノルウェー軍との戦争を経ており、その後遺症があったことも事実で、どれだけ実際の影響があったのかは本当のところは定かではない。ただ、イングランド軍の敗北と大彗星の関係が今日まで語り継がれてきたことは確かだ。ちなみに、このときに出現した大彗星は、後にハレー彗星であったことが判明している。

一方、彗星を吉兆と見なすケースもあった。特に天体に対してあまり悪いイメージを持たない我が国では、稲作国家であったこともあり、かなり古くから吉兆と考えていた節がある。これは大彗星でしばしば見られる、明るく輝く曲がった尾（気持ちが悪いほど青白く見えるまっすぐに伸びた尾ではない別の成分の尾で、後に詳述する）に注目したからだ。この曲がり具合を、たわわに実った稲穂の姿に見立て、「穂垂星」と呼び、豊作に恵まれる吉兆であるとされていたのである。すでに平安時代の扶桑略記という書物二十五には、941年の彗星について

「春三月、相当西方有星、其光如白虹、（中略）、其名曰穂垂星、其秋年登、天下頗豊」

という記述がある。941年春に出現した彗星を穂垂星と呼び、その年の秋はすこぶる豊作だったという。さらに時代が下って江戸時代の俳人の小林一茶にも、次のような句がある。

「稲つかねたらんやうなる星あらわるる。老人豊秋のしるしといふ。
人並や芒もさわぐはゝき星（小林一茶）」

こうした吉兆、瑞兆としての見方も洋の東西を問わない。その一例が1811年の大彗星であろう。この彗星は稀に見る大彗星であった。もともと1811年3月25日にフランス東南部、アビニョンの北方にあるビビエールのフラウエルゲスによって発見された。夕方の南西の空、ちょうど沈みゆく、とも座の天の川の中にあった。その後、肉眼で見える等級を保ったまま、いっかくじゅう座、こいぬ座、かに座、しし座へと動いていき、8月に太陽に合（天球上で太陽と同じ

方向に来ること）となって、一時期見えなくなった。しかし、その後8月20日過ぎには、北東の地平線近くに再び現れ、太陽にもっとも近づいた9月12日前後には、明るさは3等から4等とされた。このときの条件を計算すると、地平線からの高度がたった4度しかなかったのに、肉眼で見えるほどだったので、実際はもっと明るかったはずだ。10月に入ると地球に近づいてきたため、さらに明るく見えるようになり、1等程度になった。同時に20度から30度ほどのまっすぐに伸びたイオンの尾と、7度程度の幅を持つカーブした塵の尾がはっきりと見えるようになった。尾の実長は1億6千万キロメートルに達しており、歴代の大彗星の中でも、1843年第1彗星の3億2千万キロメートルの記録に次ぐとされていた。地球への最接近は10月16日で、そのときの彗星の位置は、うしかい座からりょうけん座へ入り込んだあたりで、北半球では宵の北西の空の比較的高いところで、尾を長く伸ばした姿を眺められたという。北の空であったため、一度北西の地平線へ沈んだあと、明け方には北東の地平線から昇ってきた。12月になると、次第に地球から遠ざかりながらうしかい座からヘルクレス座、や座、わし座へと天の川を渡って、再び南の空へと動いていった。しかし、相変わらず肉眼彗星の明るさを保ち続け、翌年の1月に入っても場所によっては見えていた記録がある。

この彗星はまた、日本や中国などでも多くの記録が残されている。日本では、これまで14の古文書にこの彗星の記述が見つかっており、探せばまだまだあるだろう。例えば、福山の教育者であった菅茶山の著作『筆のすさび』には、

「文化辛未八月彗星北斗の下にあり、初昏西北に見え、暁東北にあらわる」

と、夕方と明け方両方で見えたことが記されている。この彗星の最後の観測は、ロシア・ノボチェルカッスクのウィスニエフスキーによるもので、1812年8月17日、太陽からの距離が4・52天文単位という記録をつくった。発見から実に500日にわたって観測された彗星は当時としては異例の長さである。ドイツの天文学者アルゲランダーは、これらの観測記録を集め、軌道計算を行い、この彗星が放物線ではなく、周期が約3000年の非常に細長い楕円軌道であることを見いだしている。

トルストイの「戦争と平和」にも描かれているが、ナポレオンは、フランスから見て北方に現れたこの1811年の大彗星を自軍が勝つ吉兆であると考え、東欧そしてロシアまで攻め込んだといわれている（実際には冬将軍に負けてしまうのは周知の通りである）。ちなみに、この年はヨーロッパではブドウが豊作だったらしい。この頃に醸造されたワインには「コメットワイン」という銘柄でも発売され、量産されたという。彗星と豊作を結びつけた吉兆と考えてのことだったのだろう。

2.2　天体としての彗星の理解へ

中国では、古代から彗星は天帝が発するメッセージの一つであると考え、その詳細な記録をとってきた。この記録は西洋のものより役立っているが、そこには深い理由がある。西洋星座の起源となるメソポタミアでは、黄道十二星座を始めとして古くから星座の原型が作られ、ギリシア時代になると、プトレマイオスによって編まれた「アルマゲスト」によって、48星座にまとめられている。一方、古代中国では同時期にはすでに、その倍を超える星座が作られており、一説では250を超えるとされている。キトラ古墳の天井に描かれた星座絵は、当時の中国の星座の数の多さを物語っている。つまり、星座の多さ＝天空の領域分けの細かさに繋がっている。彗星がそういった星座を動いていく記録が残されたことで、現代の天文学者によって彗星の軌道を調べるのに大いに役立っており、古くに出現したハレー彗星の記録も同定されているわけである。

その意味では、彗星の出現や動いていく道理はあまり追求されない状況でも、中国を含む東洋では彗星というものを天体の一つとして記録していたといえる。ところが西洋ではいささか異なる見方をしてきた。その見方を決定づけたのが、古代ギリシアのアリストテレスであった。アリストテレスは、プラトンやソクラテスと並ぶ哲学者の一人であり、多岐にわたる自然研究の業績で後世に多大な影響を与えた人物である。一説には400冊以上の著作を残したといわれており、自然学に関するものだけでも物理学、天文学、気象学、動物学、植物学と広範である。天文に関するものでは、なんといっても宇宙論が有名だ。この宇宙は同心円状の階層構造として論じられ、その中心に地球があり、その外側に月、水星、金星、太陽といった惑星がたまねぎ状の層をなし、地球を中心に回っているという、いわゆる「天動説」である。ただ、これだけではあまりに単純すぎて、実際に観察される惑星の複雑な動きは説明できないので、後にプトレマイオスらが、このモデルに周転円を追加して改良し、天動説は確固たる理論になっていく。

アリストテレスのもう一つの業績に、第5の元素の導入がある。それまで、世界が成り立つおおもとは4つの元素であるとされていた。4元素は土、水、空気、そして火である。彼は、この世界構築モデルにもう一つ、天界をつくる第5元素としてエーテル（アイテール）を加えたのである。これも、その後、イタリアの科学者トリチェリによって真空という状態が発見されるまで、宇宙を満たす元素あるいは媒体という概念として長く浸透するアイデアとなる。

こうして、宇宙を満たすエーテルという概念と天動説の考えをもとに、彼自身は「気象論」の中で、彗星は天体ではないという見解を示す。惑星などの天体は、すべて黄道にほぼ沿って動くのに対して、彗星は黄道から外れたところにも出現することが、その一つの根拠となっている。そのため、彗星は大気の上層部で起こっている現象と考えたわけである。空気は火と一緒になって暖まると上空に向かう。そのため大気上層部は温度が高く、乾いた空気が集まっている。それが時々勢いよく燃え上がり、その炎が彗星となっていると考えたのである。これは元素の運動論ともいえる彼独特の考えに基づいている。4元素はそれぞれもともとの存在場所が決まっており、その場所へ移動しようとして運動が起こると考えていた。そのため、物体は重い物ほど早くもとの位置に戻ろうとして早く地面に落ちるという法則を理論体系にしていた（ちなみにガリレオ・ガリレオが後世、実験で、その間違いを指摘することになる）。そのため、大気に関するものはどんどん地球を離れて上昇し、彗星だけでなく、流星やオーロラ、あるいは天の川の成因にもなっていると説明したのである。

ここで注意すべきは、このときの大気という概念である。地球を薄く覆う大気という考えは、ごく最近のものであり、大気も宇宙空間へ繋がるように存在しており、それがエーテルと同様に考えられていた節もあるからだ。したがって、天体ではなく、月よりも地球に近い場所の大気現象と考えても、星と共に動いていく日周運動も説明されるのである。

アリストテレスの影響力は大きかったものの、この彗星に対する見方には、当然ながら古くから疑問も呈されている。その代表が古代ローマの哲学者ルキウス・アンナエウス・セネカである。第5代ローマ皇帝ネロの家庭教師としても知られている彼は、父親の大セネカに対して、小セネカとも呼ばれる。その著書「自然研究　第七巻」の中で、彗星が地上の風に影響されることなく、夜空をかなり規則的に動いていくことから、その軌道は未知ながらも、彗星は惑星と同じく、月よりも遠方にある天体であると主張しているのだ。いまから見れば、こちらの方が正しいが、残念ながらアリストテレスのアイデアを覆すほどの影響力を持つことはなかった。

彗星の実際の距離が月よりも遠いことが証明されるのは16世紀になってからのことである。これを証明したのは、肉眼による膨大な観測記録を残したティコ・ブラーエというデンマークの天文学者である。彼は1577年に出現した彗星の詳細な観測記録を残したが、この彗星は数ヶ月もの間、肉眼で観察できたために、彼は自分で測定するだけでなく、違った場所から同時に観測された彗星のみかけの位置を丹念に調べた。その結果、同じ時刻には、彗星はどこから見てもほとんど同じ位置に見えていることを見いだしたのである。

月のみかけの位置は、例えば九州と東京とでは、背景の星座に対して違った場所に見える。もし彗星が月よりも地球に近い場所で起こっている大気中の現象とすれば、見る場所によってみかけの位置に月のケースより大きな差が出てくるはずである。難しい言葉でいうと、これを三角視差という。三角視差がほとんどないことから、彗星は月よりも遠方にある天体であることがはっきりした。この観測からブラーエは、彗星が少なくとも月より4倍以上は遠くにあると結論づけた。

図 2-1：プラハ上空での 1577 年の大彗星のスケッチ

しかし、この説に立ちはだかった人物がいた。あの偉大な科学者ガリレオ・ガリレイである。ご存じのように、ガリレオはアリストテレスの説をことごとく打破してきたことで有名である。例えば、アリストテレスの4元素の移動理論では、重い物体が早く地面に落下すると唱えていた。しかしガリレオは斜面に球を転がす実験によって、重さには無関係であることを証明したのである（ちなみに、ピサの斜塔から物体を落下させた、というのが有名な逸話として残っているが、これは後世の脚色である）。ガリレオは様々な実験をもとに、数学という言葉を駆使しつつ、科学の世界を切り開いていったといえるだろう。

特に、望遠鏡を自ら製作し、それを宇宙へ向けて数々の発見をしたのは有名である。その結果、地動説を確信するよう

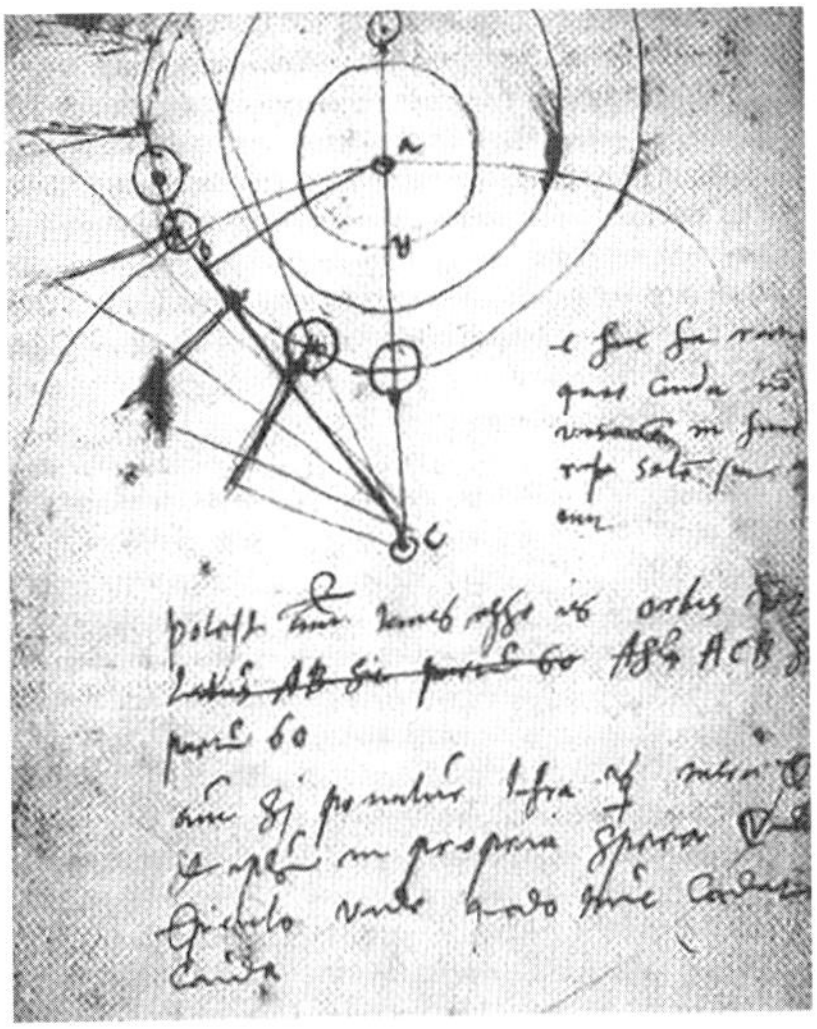

図 2-2：ティコ・ブラーエによる 1577 年の彗星の軌道図

になり、その著作がローマ教皇の怒りに触れ、宗教裁判にかけられた話は、誰もが一度は聞いたことがあるだろう。ガリレオの功績は、地動説を根拠づける数々の発見にとどまらず、人類が太陽系を越え、銀河系宇宙へと視野を広げていく基礎をつくったことでもある（詳細は、拙著『ガリレオがひらいた宇宙のとびら』（旬報社）を参照されたい）。

しかし、そのガリレオもいくつかの間違いを犯している。天文学における間違いの一つが彗星についてである。すでに当時はブラーエの観測結果が伝わっていたため、彗星を天体と考える人も多かった。例えば、1618年に出現した三つの彗星について、ローマ学院のオラツィオ・グラッシは、ティコ・ブラーエのアイデアを全面的に取り入れて、その著書の中で、「彗星は太陽のまわりを卵型もしくは楕円形の軌道を描く惑星の一種である」と主張した。ところが、これに対して、ガリレオはなんとアリストテレスの説をほぼ踏襲するような形で、「彗星は天体ではなく、動きが直線状あるいは放物線に沿っており、月よりも近い大気中に現れる一種の光学的な幻影である」として、三角視差が現れない理由を説明しようとし、敢然と論駁したのである。この論争は天体に対する彼の唯一の大きな誤りであったと考えられている。まぁ、ガリレオさえも見抜けなかったほど、彗星という天体は不思議なものだった、ということはいえるかもしれない。

ちなみに、東洋では、このような議論が起きた形跡はほとんどない。あるがままに受け入れるという東洋的な思想が、天のメッセージである彗星や天変現象が現れる理由を深く追求させなかったのかもしれない。そのために、妙な偏見もなく記録を続けることができ、天変現象の記録は東洋では正確に残されていることになる。逆に中世ヨーロッパなどでは、ガリレオの登場までは天界不変であり、超新星などの現象が観察されても、それはせいぜい月よりも地球に近い、不完全な場所で起こる気象現象とされていたためか、無視され、記録が残されていない傾向があるのは皮肉ではある。

2.3 天体としての彗星の運動 ―軌道の解明へ―

いずれにしろ彗星は天体であり、その距離はとても遠いらしい、というのはブラーエの観測ではっきりしてきたが、みかけの動きの説明は、まだまだきわめて困難だった。ただ、その光明は見え始めていた。天界が完全な神の作品であり、すべてが球体、あるいは円でできているという考え方も崩れていきつつあったからだ。そして、宇宙観が天動説から地動説へと次第に移り変わり、さらにヨハネス・ケプラーの登場によって、惑星の運動が完全な円である、という前提もついに崩れ去ったからだ。

地動説を唱えたコペルニクスは、天動説で円の組み合わせによる複雑な宇宙を考えるよりも、太陽を宇宙の中心に、そして地球をそのまわりを回る一つの惑星へと視点移動することで、非常に単純な宇宙を考え出した。しかし、彼自身はまだすべての惑星は円軌道を辿ると考えていた。その意味では、宇宙は神がつくった世界であり、完全な円あるいは球でできていることに固執していたのである。ケプラーはティコ・ブラーエの詳細な観測記録を入手した。観測が自分ではできなかったケプラーは、数学的な計算には自信があったため、是が非でもブラーエのデータが欲しかったのである。そのため、デンマークを追われてプラハに入ったブラーエのもとに弟子入りする形で近づいた。しかし、豪放磊落な観測家であるブラーエと、どうにも根暗だったケプラーは、お互いの性格がまったく合わなかったようだ。ブラーエはケプラーを遠ざけようとしたようだが、その頃にブラーエは突然、死んでしまう。そして、その間にケプラーは彼のデータを入手するのである(このデータをめぐって、ケプラーと遺族との間で一悶着起きる。どうしてケプラーがデータを持ち出すことができたのか、一説にはケプラーによるブラーエの水銀による毒殺説まで提起されているほど、科学史上とてもおもしろい話なのだが、ここでは省略する)。

その膨大なデータの解析から、さまざまな数学的なモデルを試し、ついにいわゆるケプラーの法則にたどり着く。つまり惑星の運動、特に火星の運動が楕円軌道を仮定することで、うまく説明できることを見いだしたのだ。ちなみにケプラーの三法則は、「惑星は太陽を一つの焦点とする楕円軌道を動く」「太陽と惑星とを結ぶ動径は一定の時間に一定の面積を掃く（面積速度一定）」「公転周期の2乗は軌道長半径の3乗に比例する」というものだ。

ここに到って、ケプラーは円の組み合わせではなく、楕円軌道という、まったく新しい考え方を導入して、惑星の運動を見事に解明した。これは画期的な発見といえるだろう。惑星が楕円なら、さらに不思議な運動をする彗星も、もっと歪んだ楕円軌道で説明できるのではないか、と思うのは自然だ。こうして、ガリレオと大論争をしたローマ学院のグラッシなどが彗星を卵型もしくは楕円形の軌道を描く惑星の一種と考えたわけである。

ただ、肉眼で観察されるような明るい彗星のほとんどは、放物線軌道を辿るものが多かった。そのために、かなり歪んだ楕円というよりも、むしろ直線運動すると考えた方が良いと思われていた。楕円軌道の計算そのものがきわめて難しく、さらにどうして楕円軌道なのか、何が天体を動かしているのか、といった原理的なことが皆目わからなかったのである。

この彗星の動きが理解されるようになったのは、惑星の運動の元になっている原理が解き明かされるのとほぼ同時であった。そこで登場するのが、有名なアイザック・ニュートンである。リンゴが落ちるのを見てすべてのものに引力が存在することを直感したと伝わっているが、いずれにしろ17世紀後半のニュートンの万有引力の法則の発見により、天体の楕円運動の本質が理解されるようになった。太陽という強大な重力によって、惑星も他の天体も束縛され、運動していることが明らかになったのである。

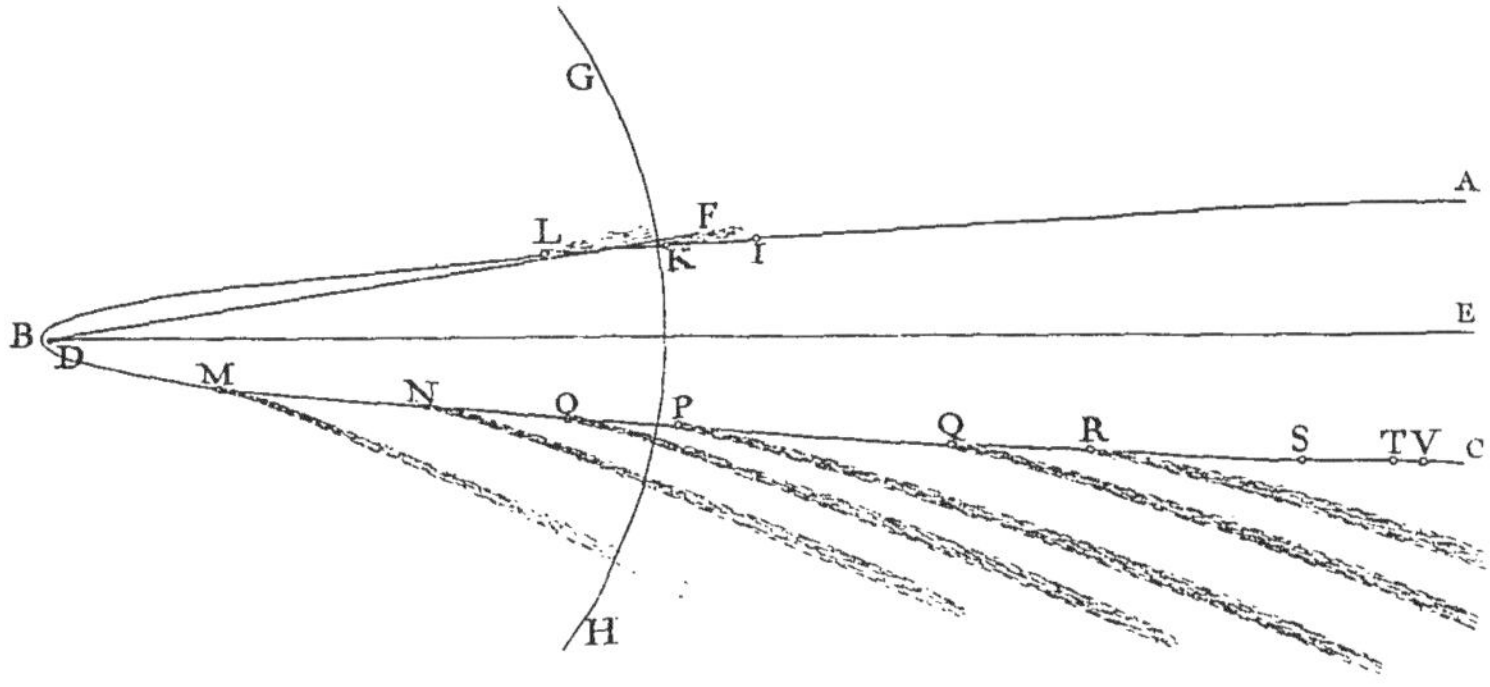

図 2-3：ニュートンが作成した彗星の軌道図

アイザック・ニュートンは、その著書である『プリンキピア』の中で、リンゴが地面に落ちるのも、月が落ちてこないで地球のまわりを回り続けるのも、どちらも同じ引力が作用する現象であることを示した。これが万有引力の法則である。彼は、さらにその証明の一つとして、彗星を惑星のような楕円ではなく、放物線軌道を持つ天体として扱うことに成功した。放物線というのは、地球上でものを投げた時に描かれる曲線である。数学的には無限遠まで達する曲線で、いったんその軌道に乗ってしまうと二度と帰ってくることはない。すなわち惑星のように周期性を持たない。

いまになって思えば、彗星は楕円軌道を描くものも多い。ただ、放物線軌道を持つような彗星は、一般に楕円軌道を持つ彗星よりも明るいため、観測手段が肉眼に限られていた時代には、放物線軌道に近い彗星が選択的に発見・観測・記録されていたのである。そして、ここに彗星の軌道研究史上もっとも敬意を払うべき人物が登場する。エドモンド・ハレー（ハリーと表記する方が原語の発音に近いが、本書では日本で用いられている一般的な表記に従ってハレーを採用する）である。ロンドンに生まれたハレーは、オックスフォード大学で天文学を学び、南半球の恒星カタログの作成などで業績を上げていき、その後は月の運動の観測などから、ケプラーの法則の証明を目指していた。1684年、ケンブリッジ大学のアイザック・ニュートンを訪ねた折に、ニュートンが既にこの問題を解いていたことに驚き、そしてそれが未発表だったことに衝撃を受けた。ハレーは、この成果を発表するようニュートンに働きかけ、資金援助した末に出版されたのが『自然哲学の数学的諸原理（プリンキピア）』である。

その後、ハレーは過去の記録の中から明るい彗星の観察記録を見いだしては、その軌道を計算してみた。なにしろ、彼はプリンキピアの出版を働きかけ、実際にその最初の読者であったわけだから、万有引力の法則に関する理解が深く、すぐにニュートンの方法を応用することができたのだ。こうして過去に観測された24個の彗星の軌道を放物線軌道として求めてみると、その中に軌道が非常によく似ているものを見いだしたのである。1456年、1531年、1607年、1682年に出現した彗星であった。さらに、軌道だけでなく、その出現間隔も75年から76年とほぼ等しかったのである。この事実から、この彗星の中には放物線軌道ではなく、細長い楕円軌道を描くものもあり、周期的に現れるのではないかと考えたのである。この彗星こそ、今日、その業績を称え、周期彗星カタログの一番目（1P）に登録されているハレー彗星である。ハレーは次回の回帰を木星の重力の影響などを加味して、1756年から1759年と予言した。しかし、その彗星を再び見ることなく1742年に亡くなってしまったのは、有名な逸話である。

図 2-4：ハレー彗星　1986年の春、76年ぶりに回帰してきた天文界のスター彗星。1910 年の回帰のときは全天を横切るほどの長大な尾を見せたという。図は 1986年 3月 14 日のもので、地球との位置関係が悪く、3等級の尾の短い姿で観測された。同日、ヨーロッパ宇宙機構（ESA）の探査機ジオットが核に大接近して観測した。（撮影：藤井 旭）

いずれにしろ、ハレーの活躍により、細長い楕円軌道をめぐる周期的に回帰する彗星があることが明らかになり、惑星以外で太陽を公転する天体が確認された初めての例となったのである。
ちなみに、ハレー彗星は周期彗星の中でも、きわめて大型で明るい彗星である。天象を眺めて政治に反映させていた中国では、彗星出現の記録が相当過去から残されているが、ハレー彗星のもっとも古い出現記録は、中国の『春秋』という歴史書にある紀元前613年のものとされている。

「魯文公十四年秋七月有星孛入于北斗」

ここでの星孛というのが、彗星のことで、北斗七星の近くに現れたとされている。ハレー彗星はいわゆる短周期彗星の中でも周期が長い部類で、地球付近の軌道決定は放物線近似でも充分であった。みかけの動きも放物線でかなり再現できるのだ。実際、現在でも新しい彗星が発見されると、まずは放物線軌道を仮定して、初期の概略軌道が計算されることが多い。しかし、時代が進むにつれ、もっと暗い彗星が発見されてきた。こういった暗い彗星の中には、周期が10年以内のものが多く、地球付近の軌道でも放物線ではとても近似できない。さらに、19世紀には火星と木星との間に、小惑星という天体も発見され始めた。そして小惑星の中にも、軌道が歪んだ楕円のものが見つかり始めたのである。そこで歪んだ楕円軌道の計算方法を開発する必要があった。天才数学者ガウスやドイツの天文学者ヨハン・フランツ・エンケが独自の計算方法をあみだしたのだが、中でもエンケの活躍は大きかった。エンケは彗星の観測研究に打ち込み、1818年および1805年に出現した彗星が同一であることを見いだしただけでなく、その周期はわずか

図 2-5:エンケ彗星(2P) 公転周期 3.3 年の彗星で、現在見つかっている周期彗星の中では 2 番目に周期が短い。2023 年 10 月 13 日に撮影。頭部から淡い細い尾が伸びているのがわかる。(撮影:津村光則)

3・3年と極端に小さいことを発見したのである。そして、次回の回帰は予測通りに1822年に観測され、エンケの決めた軌道が正しいことが証明された。こうして、エンケはきわめて短い周期を持つ彗星の研究で有名になり、この彗星は彼にちなんで周期彗星のカタログの二番目(2P)エンケ彗星と命名されている。ちなみに発見者でなく、軌道を計算した人の名前がつけられているのは、ハレー彗星とエンケ彗星だけである。

いずれにしても、こうして彗星は天体として扱われるようになり、その軌道も次第にわかってきた。同時に、みかけの動きもニュートンの万有引力およびエンケやガウスの方法によって計算・予測できるようになり、天体としての彗星の軌道は、非常に歪んだ小さな楕円軌道から、同じく歪んではいても、極端に大きな放物線に近い軌道にまでばらついていることがわかってきたのである。こうして科学的理解が進むと、次第に凶兆や吉兆としての彗星のイメージは薄れていくことになる。ただ、天体としては太陽系の中の異端児であることは変わりなかった。惑星や小惑星はすべてほとんど円に近い軌道を描きながら、規則正しく太陽のまわりを回っており、惑星同士がお互いに近づくことはないのに対し、彗星はほとんどが放物線や歪んだ細長い楕円の軌道を持ち、いくつかの惑星軌道を横切って飛び回っている。その中には1994年のシューメーカー・レビー第9彗星のように、惑星に衝突してしまうものさえあることがわかってきた。この状況は地球も同じで、しばしば彗星は我々に近づいてくる。小さな彗星でも地球に近づけば明るく見えるので、しばしば目撃され、話題になるわけである。

2.4 華麗なる尾の謎解き

なにしろ彗星が普通の天体と異なるのは、しばしば壮大なほど長くなる尾である。彗星が天体であることがはっきりした後、まずは尾の謎解きが始まる。尾には見た目にはおもに二種類あり（20世紀の末には、これにもう一種類の中性ガスの尾が加わることになるが、これは後述する）、一つがしばしば幅広くなって白く輝く尾、もう一つは直線状で細長く、青白い尾であった。前者は太陽光をそのまま反射していて、連続光で輝いており、小さなチリから成る塵の尾である。ダストテイルとも呼ばれる。後者は、19世紀になって盛んになった天体分光学で、おもに一酸化炭素から電子が一つはがされた一酸化炭素イオン（CO^+）の尾であることがわかった。

どちらの尾も古代には説明不可能な現象であったが、なんとなく尾の向きが太陽と反対側であることがわかり始め、19世紀には塵の尾の形の謎が定量的に解明されていくことになる。彗星の軌道がわかってくると、その塵の尾の広がり方が軌道における彗星の場所に関係があることもわかってきたからだ。彗星は一般的に太陽に近づけば近づくほど尾も発達させるが、特に塵の尾の場合は太陽に近づくまでは割合と幅が狭く、太陽に近づいて彗星が太陽を旋回するにつれ、幅が広い扇形に広がることが多い。彗星が大きく方向転換するような近日点（軌道上でもっとも太陽に近い場所）付近では、塵の尾がまるで彗星本体から取り残され、どんどん曲がっていくため、片側（軌道運動の後ろ側）に大きく曲がった形状になるのである。これが先述した「穂垂星」の名前の由来ともなっている。

このような系統的な振る舞いを、彗星の中央集光部（核）から放出された様々なサイズの大量の塵によって説明したのがフリードリヒ・ヴィルヘルム・ベッセルであった。彼はドイツの数学者・天文学者で、もともと大学での教育を受けていなかったが、持ち前の数学的能力を発揮し、貿易会社で働きながら独学で航海のための天体観測や経緯度決定を学び、ハレー彗星の軌道改良などを行ったことで研究者の道に入るきっかけになった。一般的には、理工系でよく用いられる特殊関数の一つ、ベッセル関数で知られている。天文学上での業績では、なんといっても恒星の精密位置測定によって、初めて恒星の三角視差を発見したことが有名である。地球が太陽のまわりを公転することを利用し、地球の軌道を底辺とする巨大な宇宙の三角形をつくることで、三角視差を導き出そうと試み、はくちょう座61番星の三角視差を検出することに成功し、それが0・314秒角（約10光年に相当する）であることを発表した。1838年のことである。こうして宇宙の立体地図作りの第一歩が開かれたのである。さて、ベッセルは彗星の尾の説明でも先駆者であった。扇型に広がる尾について、ベッセルは彼の師である天文学者ハインリッヒ・オルバースのアイデアを受け継ぎ、その研究を進めた。そして1835年のハレー彗星の観測データの解析から、尾は塵の粒子群が主成分で、太陽から受ける何らかの力で説明できると考えた。このアイデアは後に、ロシアの天文学者フォドー・ブレッドキンによって体系化され、ベッセル・ブレッドキン理論と呼ばれるようになった。現在でもこの理論は、塵の尾の形状を塵の放出時刻とサイズによって説明できる基本的な理論として用いられている。現在では、塵の粒子が受ける力は、太陽からの光の圧力（放射圧）であることがわかっている。その圧力による影響はサイズによって異なる。サイズが小さなものほど太陽の光の圧力を受けやすいため、その塵のサイズに応じて、たなびき方がちがってくるのである。彗星の塵は小さいものから大きなものまで存在するので、それらがサイズに応じてたなびくことで、あの扇形に広がった太い幅を持った尾をつくるわけである。

その一方、ガスの尾の方はまるで太陽の方向から吹き流されるように反太陽側に伸びている。そのため太陽からのなんらかの力あるいは風がガスに働いているのだろう、というアイデアはかねてからあった。それが定量的に説明されたのは20世紀になってからである。なにしろ、太陽から吹き付けているものがあるかどうかもわからなかった。ドイツの天文学者ツーノ・ホフマイスターは、ガスの尾が反太陽方向からわずかにずれていることを発見した。このズレが彗星の軌道運動と太陽からの風との関係で決まることを示唆したのが、同じくドイツの天文学者ルードイッ

図 2-6：ヘール・ボップ彗星 C/1995 O1　1995 年 7 月 24 日に発見され、2 年後の 1997 年春には大きな頭部と太いダスト・テイル（右）、青く伸びるイオンテイル（左）が、くっきりと V 字形に分かれた姿を見せた。（撮影：西條善弘）

ヒ・ビアマンであった。彼は、直線状の尾が電気を帯びた粒子であり、太陽から吹き付ける速度が秒速数百キロメートルにも達する高速の電気を帯びた粒子群によって吹き流されていると解釈した。これが、いわゆる太陽風の仮説である。彗星の尾の解明というよりも、太陽系空間を常に流れている太陽風を見いだしたことの方が、科学的には大きな業績といえるだろう。

ただ、彼自身の計算では、彗星の尾が吹き流されるには、太陽風の粒子密度があまりに大きくなくてはならなかった。しかし、これは後にスウェーデンの物理学者であるハネス・アルヴェーンによって、粒子だけでなく、粒子と共にやってくる磁場を導入することによって解決することになる。そして、太陽風の存在はアメリカの天文学者ユージン・パーカーによって理論的にも予測された。1958年に発表した論文で、太陽のコロナから粒子が超音速で飛び出し（このモデルそのものが革新的であった）、それらが彗星の電気を帯びたガス（イオン）を電磁気的に引きずることでガスの尾を形作ることを、初めて理論的に示した。彗星本体から放出されたガスの一部は、太陽の紫外線などを浴びて電子が飛び出し、電気を帯びてしまう。電気を帯びた分子をイオンと呼ぶが、こうなると太陽から吹き付ける電気的な風である太陽風に吹き流されることになる。そのイオンの量が多いと、そのイオンが発する光が見えるようになる。可視光ではおもに一酸化炭素のイオンが青白く光るため、太陽と反対側に伸びた細い尾、「イオンの尾（別名プラズマの尾）」は青白く見えるのである。パーカーの打ち立てた太陽風理論が正しいことは後の探査機で証明され、パーカーは現在、太陽コロナへの突入探査機の名前に命名されている。

2.5　彗星の成分の特定へ

彗星がいったい何でできているのか、が次第にわかってきたのは19世紀である。この頃、天体分光学という分野が確立していく。これは天文学に革新をもたらした重要な手法であった。分光とは光（電磁波）を波長（あるいは周波数成分）に分解して、波長毎の強さを測定するもので、これを天文学では分光観測と呼ぶ。光をプリズムや回折格子で七色に分けて調べるわけである。この手法で、天体に含まれる成分がわかるのだ。身近な例で説明してみよう。花火がいろいろな色で輝くのは、その色を発する物質を混ぜるからだ。特定の物質が特定の色で光り輝くのである。これを逆に応用するのだ。その天体にどんな色が含まれるかを調べることで、特定の物質が含まれていることやその量を推定できるのである。化学の授業で習った「炎色反応」の応用である。

分光観測によって得られる波長毎の光の強さのグラフあるいはマップをスペクトルと呼ぶ。これは中国語では「光譜」と呼び、筆者自身は、この言葉はとても良い翻訳だと思っているが、日本では使われていない。先ほどの花火の例でいえば、スペクトルの中で特定の色が強く出ている場所があり、それが花火に込めた特定の物質の放つ光に相当する。通常は温度を持つ物体から出る連続的な光（連続光）の上にのって、特定の色のところがスパイク状に強く出るので輝線と呼ぶ。この輝線の波長を調べれば、その天体に含まれる物質が何かがわかり、いくつかの仮定は必要になるが、その量もわかるのである。

もともと連続光については古くから知られていた。太陽の光などがプリズムを通すと、（いわゆる七つの）虹色に分かれることはすでに17世紀にアイザック・ニュートンによって知られていた。しかし、物質の特定に至るのは19世紀になってからである。ガラスの製作とその屈折率の測定に没頭していたドイツのフラウンホーファーらは、その屈折率を6個の光源で測定を試みた後に、太陽光で実験したところ、そのスペクトルの中にさまざまの太さの無数の暗線を発見した。中でも太く目立つ暗線をABCDE…等と命名した。その名称はいまでも使われているが、この暗線は実は輝線そのものに波長が対応していて、太陽が明るすぎる連続光を持つため、その太陽大気中に浮かぶ特定の元素が輝線ではなく、その波長に対応する光を吸収して暗く見えているのである。これを輝線に対して暗線と呼ぶ。これこそが、スペクトルにおける連続光とはまったく別の「線」の発見であり、天体分光学の始まりといえるだろう。ちなみに、その後、彼はガラスに金箔を貼り、それを平行に線状に剥ぐことで格子をつくって、世界で初めて回折格子による分光を成功させている。

こうして、遠方からでも光があればそれを分光することで組成に迫ることができるという革新性が天文学でも重要視されていくことになる。19世紀半ばにはキルヒホッフとブンゼンによって『黒体放射関数B（λT）』が理論的に提唱され、連続光が解明されると同時に『化学分析』によって天文分光学が確立した。後者こそが、輝線と化学組成の一対一対応を明らかにしたものである。この応用と写真技術の組み合わせによって、多くの天体のスペクトルが観測され、恒星に関してはいわゆる温度の系列であるOBAFGKM型というハーバード分類が確立されたのが20世紀初頭であった。

いずれにしろ、この手法は彗星にも応用されていく。その最初の例はイタリアのフィレンツェ天文台のジョバンニ・ドナチによる１８６４年の彗星である。実は、ドナチは１９５８年に発見した彗星が、その後19世紀を代表する大彗星になり、ドナチ彗星と呼ばれるようになったことで有名だ。天文学者としては、恒星の分光観測をするための分光装置の製作とその観測も行っていた。彼は、その望遠鏡＋分光装置を１８６４年に出現した彗星（C/1864 II）の中心部に向け、そのスペクトルの中に3本の明るい帯状の輝線群を発見したのだ。それまでは彗星はほとんど太陽の光を反射しているとなんとなく考えられていたため、これは彗星の（少なくとも一部は）ガスが自ら発光していることを示す大きな発見であった。この発見が、あのドナチ彗星の発見者によって試されているのは奇遇というほかあるまい。このガスの正体を明らかにしたのは、惑星状星雲が輝線でできていることを発見したことで有名なイギリスの天文学者ウィリアム・ハギンスである。１８６８年にAstronomical Register誌に、この帯状輝線群が、ある種の炭素に由来することを指摘した。これは後に炭素が二つくっついたC_2分子に由来するスワンバンドであることが判明する。

大彗星毎に観測が試みられてはいたが、このガス成分が社会現象を引き起こしたのが１９１０年に出現したハレー彗星であろう。明るくなっていく大彗星に分光観測が行われ、アメリカ・シカゴにあるヤーキス天文台が、１９１０年2月に「ハレーのガスにシアンが存在する」ことを発表したのである。天文学的には彗星に含まれるガスの組成が新たに判明したという意味できわめて嬉しいことであったが、これが悪いことにセンセーショナルな社会現象を引き起こす結果となった。というのも、シアンといえば、少量でも人間を死に至らしめる有毒物質だったからである。シアンの化合物、青酸カリという物質も非常によく知られているだろう。その有毒ガスが含まれている上に、このときのハレー彗星は回帰の条件がきわめて特別で、地球と太陽との間を通過するような位置関係に来ると予測されていた。そのため、地球が彗星の尾の中を通過すると思われていた。そして尾に青酸ガスが含まれていて、それが地球に注ぎ込まれると大変だ、という認識が広がった。当時のニューヨーク・タイムズ紙は、フランスの著名な天文学者かつ作家であったカミーユ・フラマリオンが「有毒ガスが大気中に浸透し、地球上のすべての生命を消滅させる可能性がある」と信じていると報じたのだ。ほとんどの天文学者は、こうした噂を否定していた。アメリカで当時有名だった天文学者パーシバル・ローウェルは、「ハレーの尾を構成するガスは、どんな真空よりも薄いほど希薄だ」と説明し、安心させようとしていたほどである。しかし、一見科学的にも見える根拠（彗星ガス＝有毒＝地球大気への流入）という図式は一人歩きし、防毒マスクが売れたり、こうした社会情勢に便乗して発売された「彗星毒消薬」が売れたりした上、安全な部屋を用意し、鍵穴さえも紙で覆って準備しているという報告があるほどだった。日本でも薬は発売され、新聞広告が残されているが、どれだけ売れたのかはわからない。尾の地球通過は7月28日のうち、ほんの数分（後述の絵本では5分間）ほどと考えられていた。その間だけ、息を止める訓練をしたり、空気を吸えるように自転車のチューブが売れたりといった極端なシーンが取り上げられ、戦後には「空気のなくなる日」という絵本が発売され、それに基づいて映画も作られたほどだ。

いずれにしても、このように彗星の発する光の中にガスが存在し、それらの正体が次第にわかるようになってきたのは分光学のおかげである。ただ、前の章で説明したが、ベッセルの尾の説明からも、ガスは含まれているものの、固体微粒子である塵が大量に存在することも明らかであった。

2.6 彗星の正体解明への道のり

彗星が天体であることはわかってきた。ガスも含まれていることもわかってきたが、塵の多さは尋常ではない、という認識も生まれていく。なにしろ、幅広い尾は塵粒でできていることがわかりつつあったし、それに加えて、流星との関係も明らかになっていったからである。

読者の皆さんの中には、流星と彗星の区別がついていない人もいるかもしれない。どちらも尾を引いた姿で描かれることが多いからだ。しかし、流星は、正確にいえば天体ではない。本当の意味で大気中の現象である。砂粒程度の小さなものが地球に猛スピードで突入し、上空約100キロメートルで大気との圧縮加熱で発光する現象が流星であり、せいぜい数秒で消えてしまうのが普通だ。一方、彗星の本体である核の大きさは普通数百メートルから数十キロメートル程度で、砂粒のような流星とは桁違いである。しかし、この両者は親子関係にあることがわかってくる。

特定の日時に流星の数が圧倒的に増えることがある。流星群である。流れ星となる砂粒は集団で同じような軌道をめぐっている砂粒であることが次第にわかってきた。それが地球にぶつかっていると考えざるを得ないのだ。そうなると、このようにある軌道上にどうして大量の砂粒が存在するのか、その起源について当然ながら彗星に疑いの目が向けられる。当時から、彗星は広がった尾や頭部の状況によって、塵や砂の集合体、またはなんらかの天体から砂粒や塵が飛び出しているように思われていた。さらに前述のように扇型に広がる雄大な尾の形は、太陽からの

図 2-7：ペルセウス座流星群　毎年夏休みの 8 月 12 日～ 13 日頃をピークに活発な出現を見せてくれる流星群です。この流星群を出現させる母彗星は、周期 133.3 年でめぐる 109P/ スイフト・タットル彗星です。2023 年 8 月 10 日に撮影。（撮影：川村浩輝）

光の圧力の影響を受けて軌道運動する微小な塵で説明できることが、19世紀前半には示されていた。塵が彗星から宇宙空間へ供給されているのは確かだった。流星群の砂粒の群れが彗星起源であると提唱したのは、小惑星の研究でも有名なアメリカの天文学者ダニエル・カークウッドで、1861年のことであった。しかし、それまでは確実な証拠を何ら見いだしていたわけではなかった。

彗星と流星群の関係が証拠を含めて明確になったのは1866年、偶然にも11月中旬のしし座流星雨が大出現した記念すべき年であった。この年、イタリアの天文学者ジョバンニ・スキャパレリは、1862年に出現した彗星の軌道が、彼独自の方法を用いて決定した8月の流星群の軌道と一致することを見いだしたのである。流星の軌道を決めるには、流星そのものの速度決定が欠かせないが、彼は様々な仮定をおいて地球軌道速度との比率を求めたのである。この速度をもとに算出した軌道要素が1862年4月にスイフトとタットルによって発見されたスイフト・タットル彗星（109P/Swift-Tuttle）とほぼ一致した。この結果は、いまの知識からすると、その導出には多少の正確さを欠いているものの、実在の彗星と流星群が確かに関連していることを明示した最初の例となった。ちなみに、この8月の流星群は、いまでも毎年のように出現する三大流星群の一つ、ペルセウス座流星群である。

ところでスキャパレリといえば、火星の研究の方が有名だろう。表面の模様を丹念にスケッチして、直線状の模様を見いだし、これをイタリア語でCANALI（溝、水路）と命名したのだが、これが英語のCANALS（運河）と翻訳され、人工的な地形だという説が生まれ、後の火星人説に繋がったのは有名な逸話である。

さて、この彗星と流星群の関係の発見を祝うように、しし座流星群の軌道に近い彗星も発見された。1865年12月にテンペルが、そして翌年1月にタットルが、それぞれ独立に発見したテンペル・タットル彗星(55P/Temple-Tuttle)である。ドイツの天文学者テオドール・オッポルツァーによって、この彗星の軌道が計算・公表されると、まさしくしし座流星群の軌道に近いことに、3人の天文学者（オッポルツァー自身、スキャパレリ、それにドイツの天文学者カール・ペータース）が同時に気づいた。その後、いくつかの彗星と流星群の関連が解明され、次第に流星群の起源が彗星であることが明らかになっていった。

いずれにしろ、このように流星群と彗星の関係を見いだしたことは、きわめて大きな発見であった。そしてこれが彗星＝チリ集合体説へと発展していく。いわゆる「ダスト・スオーム説」である。彗星は、小さな氷の粒や塵の集合体であり、蚊柱のように自己重力でお互いに集まっている「ダスト・スオーム」であるという説である。彗星そのものが重力的な影響を及ぼすことがないためにかなり軽く、コマで背景の恒星が減光されることもなかったため、相当に薄い成分であること、その根拠になっており、中心に固体の塊さえないのではないか、とも思われていた。イギリスの天文学者レイモンド・アーサー・リットルトンが、その急先鋒だった。彼は同じくイギリスの天体物理学者であるフレッド・ホイルと一緒に、星間ガスが天体へ引き寄せられ、降着していくモデルを打ち立てるなど、数々の業績をあげている著名な理論天文学者だったこともあり、1953年にはダスト・スオーム説を前面に立てた『The Comets and Their Origin』なる本まで書いている。

その一方、アメリカの天文学者フレッド・ホイップルは、このダスト・スオーム説と真っ向から対立する「汚れた雪玉（雪だるま）」説を発表した。彗星本体は地上観測からは見えないものの、キロメートルサイズの砂粒や塵を含む氷の塊、DIRTY SNOWBALLであると主張したのである。太陽熱で彗星核から蒸発したさまざまな物質が、その頭部のコマを作り、そして尾となることを示唆したのである。しかし、肝心の彗星核は誰も見たことはない。キロメートルサイズの天体は、あまりに小さく、地上からの天体望遠鏡では分解してみることは不可能だ。これらの彗星の特徴はダスト・スオーム説でも、構成するチリや砂粒にコマや尾をつくる氷が含まれていれば、十分に説明可能だった。この論争は実は1970年代まで続いていた。ダスト・スオーム説を唱える論文はリットルトンによって1977年にも出版され、これに対して反論も出版されて、議論はヒートアップしていた。1977年のネイチャー誌には、彗星研究で有名なイギリスの天文学者デビッド・ヒュージュが「彗星は汚れた雪玉か、ダスト・スオームか」という論評で、その白熱した議論を冷静に分析しているほどだ。

その勝敗の軍配はホイップルに挙がった。「汚れた雪玉（あるいは雪だるま）」のモデルの画期的なところは、それまで謎とされていた彗星の軌道のずれ（非重力効果と呼ぶ）を定量的に説明した点である。非重力効果というのは、太陽や惑星の摂動などの重力だけでは説明できない彗星の軌道からのずれである。特に何度も太陽を周回する短周期彗星に顕著であった。ホイップルは、この雪玉モデルによって、周期3・3年のエンケ彗星の非重力効果を、氷の核が太陽熱であぶられて、吹き出すガス・塵の反作用で説明したのである。ちょうど、ロケットが燃料を燃焼させて推力を得るように、彗星核も太陽側にガスや塵を放出するものだから、自らロケットのように少しずつ軌道が変わっていく。そのためにロケット効果とも呼ばれている。このモデルは、この効果だけでなく、コマの中に観察されるジェットのような模様を、核から蒸発して吹き出す塵として説明できるし、流星群の母親であることも自然に理解できる。この雪玉モデルの直接の証明の一つが、大量の水の発見である。といっても水そのものが見つかったわけではない。１９５８年に出現したムルコス彗星に特殊な状態の酸素原子が見つかった。この状態は禁制線と呼ばれ、きわめて稀な状態なので、大量の酸素がなくては説明が付かなかった。つまり大量の水分子が太陽の光を浴び、水素と酸素に分離したことを示唆していた。その酸素が大量にあるなら、親分子である水も大量に存在しなくてはならない。では、水素の方はどうかといえば、水素は可視光では光らない。１９７０年に打ち上げられた紫外線観測衛星群によって、初めて彗星のまわりで紫外線を発する大量の水素が発見されたのである。その栄誉に輝いた彗星は、日本人名が３名も付いた多湖・佐藤・小坂彗星と、20世紀の大彗星の一つ、ベネット彗星であった。

こうして次第に汚れた雪玉説が有力視されていったが、その直接的な証明になったのはいうまでもなく、彗星核への直接探査だった。１９８６年、ヨーロッパの探査機ジオットがハレー彗星の核に至近距離まで迫り、その姿を撮影した。長軸が15キロメートル、短軸7キロメートルほどのいびつなジャガイモ型の核の表面からジェットが吹き出している様子が、初めて撮影されたのである。こうして彗星＝ダスト・スオーム説を主張する研究者はいなくなったのである。

図 2-8：ロゼッタの撮影したチュリュモフ・ゲラシメンコ彗星
（提供：ESA/Rosetta/NAVCAM）

そして、いまでは彗星への直接探査の時代になっており、これまで探査された彗星は、ジャコビニ・ツィンナー彗星（尾の中を通過したICE探査機）、ハレー彗星（べガ1、2号、さきがけ、すいせい、ジオット）、グリッグ・シェレルップ彗星（ジオット）、ボレリー彗星（ディープ・スペース1号）、ヴィルト第2彗星（スターダスト）、テンペル第1彗星（ディープ・インパクト、スターダスト）、ハートレー第2彗星（ディープ・インパクト）、チュリュモフ・ゲラシメンコ彗星（ロゼッタ、着陸機フィラエ）と8つに上っており、今後も探査が計画されている。これらの探査による知見はきわめて膨大で、その詳細を紹介するにはいささか紙幅が足りないが、折に触れて簡単に触れるとしよう。

2.7 彗星とは何か ―その現状認識―

これまでの歴史を踏まえ、いま我々が彗星とは何かの最新の認識ができあがってきた。ここではその認識と基礎知識をまとめておこう。

明るく大きな彗星を地上からよく観察すると、人魂のようにぼやーっと光る頭部（コマと呼ぶ）と、そこから伸びる尾に分かれる。通常、彗星の本体（核と呼ぶ）はコマの厚いベールに隠されて見えることはない。彗星核は宇宙空間を旅する巨大な汚れた雪塊といってよい。個体差があるものの、通常の彗星核の成分は80％ほどが水の氷（H_2O）、残りの20％には二酸化炭素（CO_2）、一酸化炭素（CO）、それに微量成分として炭素、酸素、窒素に水素が化合した種々の分子が含まれており、これに岩塊や砂粒のような塵（ダスト）が混ざっている。難しいことをいってもすぐにはイメージできないと思うので、筆者はしばしば雪の少ないときにつくった「雪だるま」に喩えている。ころがしているうちに地上の土や砂がついて黒く汚れてしまう。表面だけでなく、内部もそういった不純物が混じっていく。このような成分を持つ「汚れた雪だるま」、大きさは数キロメートルから数十キロメートルもある巨大な雪だるまが宇宙を飛んでいるのが彗星なのである。実際には、雪だるまよりも固体成分である砂粒の量が多く、汚れた雪だるまというよりも、氷を含む泥玉といった方がよいかもしれない。数多くの探査機が彗星に近づいて探査しているのだが、その表面には（探査している彗星が、みな周期彗星で太陽に何度も近づいているせいもあって）、水の氷がほとんど見られず、岩塊や厚い砂の層で覆われている。この層をしばしばマントルあるいはクラスト（殻）と呼ぶ。その近接画像を見ると、本当に通常の小惑星（ほとんどの小

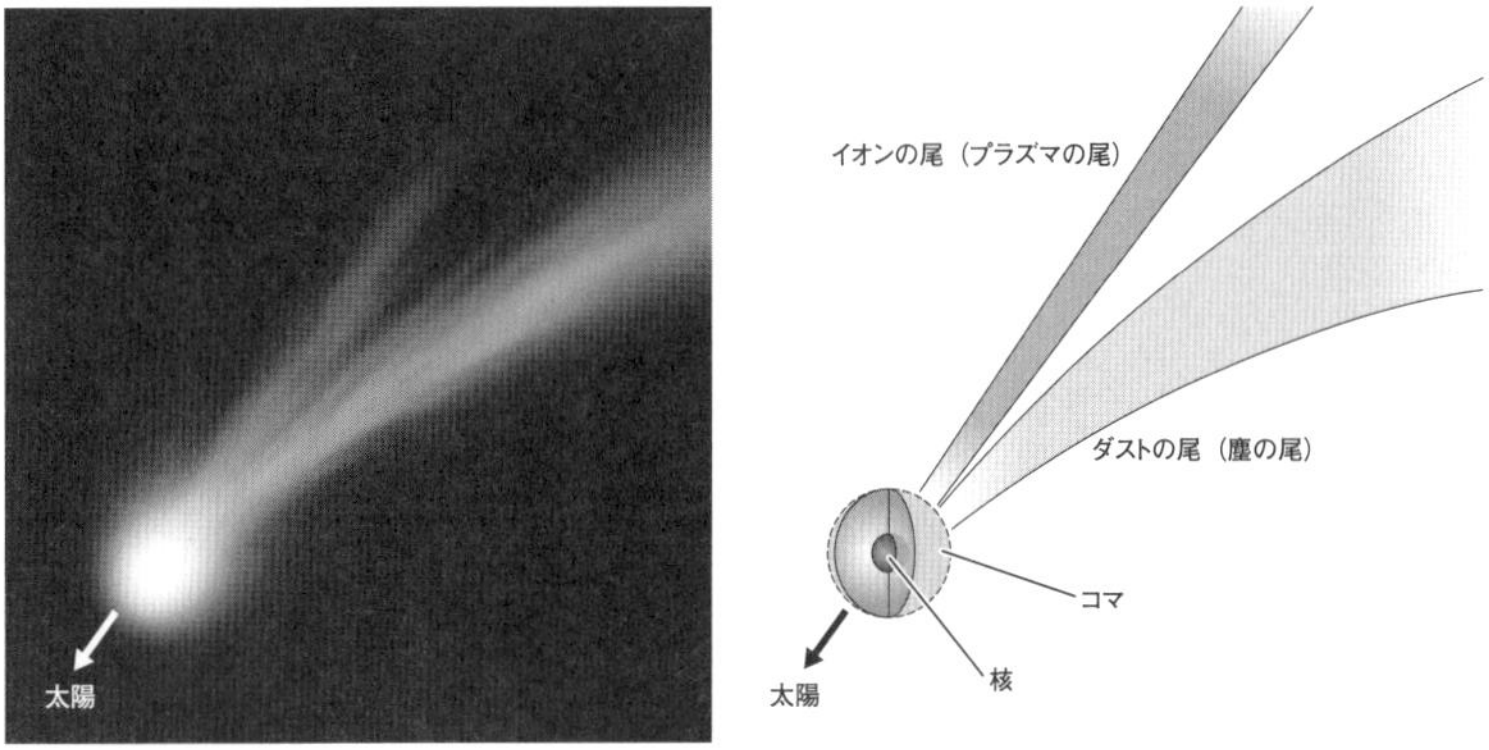

図 2-9：彗星の構造と名称　太陽と反対側に伸びるイオンの尾、ゆるやかにカーブして伸びる塵の尾の 2 本に分かれる。

惑星は太陽に近づいても、氷が溶けるような蒸発を示さない）と大差なく思える。しかし、彗星の場合は内部にまだまだ氷が存在していることがほとんどだ。

こうした彗星核が太陽に近づくとどうなるかを想像してみよう。太陽から受ける熱を受けて、表面は暖まり、次第にその熱は内部へと伝わっていく。そうすると内部に存在している氷が少しずつ融けていくことになる。雪が融けると地上では液体になるが、宇宙の場合にはまわりが真空なので、すぐに気体となって蒸発する。水蒸気になったガスは、その氷が含んでいた様々な物質と共に、彗星の表面のクラストの裂け目や弱い部分を突き破ってジェットとして噴き出してくる。これが彗星から放出されるガスの正体である。このガスに引きずられるように、細かな塵や氷に含まれておいた分子も一緒に宇宙空間に吐き出されるわけだ。

さて、このように彗星から飛び出したガスの一部は、その物理的・化学的性質によって異なる挙動を示す。太陽の光を浴びてもなかなか電子が剥がされないようなガスは中性のままとどまり、まずは本体の核のまわりにぼやっとした薄い大気をつくる。大気とはいっても、地球などとは違ってどんどん拡散して逃げ出していくものである。逃げていく分と、彗星核から供給される分でバランスがとれる状態になった大気が、ぼやーっとした丸い頭部として見える。これが彗星の頭部のコマの正体である。しばしばジェットから噴き出した塵が含まれていることがあるが、緑色に見える正体は電気を帯びていない中性の分子で、炭素原子が二つくっついたC_2や、窒素と炭素がくっついたシアンガスが光を発している。

一方で、ガスの中には太陽の紫外線を浴びた途端に電磁気を帯びてしまうものがある。化学の言葉では、分子などが電気を帯びたものをイオン、そうなることをイオン化するという。一旦、イオンになってしまうと、電磁気的な力が強く働く。太陽からは電磁気的な力を及ぼす風、いわゆる太陽風が流れていることは先述した通りである。この風が彗星のまわりのイオン化した分子をひきずっていく。太陽風の流れは速くて毎秒数百キロメートルもあるので、彗星から出たイオンはどんどん吹き流されて、太陽と反対側にすーっと伸びた細い尾をつくる。これが「イオンの尾（別名プラズマの尾）」である。光っているのは一酸化炭素や水の分子のイオンだが、可視光で青く見えるのは前者である。

こういったガスと共に、彗星から放出される塵や砂粒もたくさんある。砂粒でサイズの大きなものは、彗星本体の重力に逆らって飛び出すことはなく、再び彗星核表面に落下するものもあるが、小さな塵はガスと一緒に飛び出して、脱出速度を容易に超える。このような塵は、前述したように太陽の光の圧力（放射圧）を受け、やはり反太陽方向へたなびく。比較的粒の小さなものは頭部にエンベロープと呼ばれる円錐形のコーン構造をつくることもあるが、塵の放出量が多ければ大きなスケールでは軌道平面に広がる尾を作り出す。これが「塵の尾（別名ダストの尾）」と呼ばれるものだ。ただ、いくら小さいとはいっても塵は固体だから、流されるスピードはイオンに比べてゆっくりである。そのために塵の尾は細くはならず、かなりの幅を持った尾をつくるのだ。彗星が昔から「ほうき星」と呼ばれるのは、明るい彗星で幅の広い塵の尾が発達して、あたかも「ほうき」のように見えるからである。

ここで間違えないでおきたいのは、彗星の尾として見える塵と地球に衝突して流星となる塵とでは、同じ塵といってもサイズがまったく異なることだ。彗星の塵の尾を構成する塵は一般的にはミクロンサイズである。身近な例でいえば、部屋を掃除したときに舞い上がるようなホコリ(埃)のようなものだ。空気の抵抗を受けてふわふわと漂う様子が、日光に照らされて輝くのを見たことがあると思うが、それほど小さく軽いものゆえに、太陽の放射圧を受けて、太陽と反対方向に押されていくのである。一方、流星になるような塵はミリメートルからセンチメートル、場合によってはもっと大きなサイズとなる。そうなると太陽の放射圧の影響はそれほど受けずに、ほぼ重力の影響で、母親である彗星の軌道に沿って、太陽を周回することになる。彗星核から放出され、次第に核から離れていくが、そのスピードもきわめてゆっくりで、しばらくは彗星に軌道上をゆっくりと核から離れていくことになる。こちらは、その量的にはその数も少なく、太陽の光を反射して、それらがなかなか見えることはない。例外的に、大きなサイズの塵の群れが軌道上に散らばった様子が（もともとは赤外線で発見されたが）、可視光でもとらえられるようになった。こういった塵の群れを「ダスト・トレイル」と呼んでいる。筆者は、こちらの方を塵と呼ばずに、しばしば砂粒と呼ぶようにしているのだが、地球の一般的な砂粒のように堅い結晶でできているものばかりではないので、なかなか難しいところである。

こうした現状の理解によって、彗星の形状のほとんどは説明可能である。ただし、彗星の個性により、また観測条件によって、見え方はかなり異なってくる。それらについては第4章で詳しく紹介することにしよう。

第3章

彗星はどこからやってきて、どこへいくのか?

3.1 軌道とは

前章では彗星が天体であること、そして太陽を公転している太陽系小天体の一つであることを、それが明らかになる歴史を含めて紹介した。ここでは、その彗星の軌道からわかることについて少し詳しく紹介しておこう。その前に、理解を深める意味で、天体が空間を移動する通り道である軌道について解説しておく。

太陽を中心とした太陽系は、その親玉である太陽が、ほとんどの質量を担っている。その割合は99%に達する。惑星を含めた他の天体をすべてあわせても太陽の質量の100分の1にも満たない。重力は質量に比例して強くなるため、太陽系に属する天体は、基本的に太陽の強力な重力の支配下にある。惑星や彗星を含む小天体、そして砂粒のような惑星間塵に至るまで、その強大な重力に支配されながら、ほぼ太陽をめぐる軌道（通り道）にあるといってよい。例えば、地球は太陽のまわりを、ほぼ一年で一周している。太陽のまわりをめぐるのを公転と呼び、ある天体が描く軌跡が天体の軌道である。太陽系の天体はニュートンの万有引力に従って、太陽をほぼ焦点の一つとする楕円軌道を描いている。ただ、軌道には目印がついているわけではないので、我々はその天体の刻々の動きから、通り道である軌道を推測する。例えば、電車の時刻表を思い起こしてもらえばいい。時刻表には駅を通過する時刻が書かれている。彗星が電車に、軌道が線路に対応していると考えればいい。例えば、夜、動いていくる電車を眺めたとしよう。線路は見えないが動いていく電車が見える。その電車の動きから、線路の場所がわかるはずだ。彗星の場合もこれとまったく同じである。彗星は宇宙という闇の中を、万有引力に従って常に動いていく夜行列車と考えればよいのだ。

新しい彗星が発見されると、その位置と動きを調べることになる。何月何日何時にはどこどこの場所にいた、という観測が行われる。これを天文学では位置観測といい、特に発見当初はたいへん重要である。空には場所を示す目印がないので、天文学では夜空に描かれた座標、赤経・赤緯という座標を用いる。これにより、彗星をはじめすべての天体の位置が特定される。ちょうど地球でいう経度・緯度にあたるものだ。こうして位置観測がある程度の期間にわたって行われると、その彗星の軌道を決めることができる。すると、今度は太陽系の中を、その後どういうふうに動いていくかを計算することができる。これを位置推算と呼ぶ。

天体の軌道を表すためには六つの数値がいる。例えば楕円軌道の場合、その楕円の大きさ、歪み具合、向き、それに楕円の存在する平面という五つの自由度と、その天体がある時刻にある場所にいるという情報の六つである。これらの数値を軌道要素と呼んでいるが、我々天文学者は、この軌道要素の数値を見ただけで、だいたい軌道を頭の中に描くことができる。この軌道要素は、あとあと理解に役立つので、いささか難解に感じられるかもしれないが、詳しく説明しておこう。軌道を決定するパラメータが軌道要素というものである。この軌道要素を理解しておくと、いろいろなことがわかりやすくなる。

軌道の形は、その大きさと楕円のひしゃげ具合が重要である。まずは軌道の形を決める軌道要素として、軌道の絶対的な大きさを示す「軌道長半径」と呼ばれるパラメータがある。通常は小文字のアルファベットaで表す。楕円の軌道における長軸の長さの半分の値である。しかし、この軌道パラメータを用いると、実は多くの彗星では問題が起こる。というのも、かなりの彗星の軌道は放物線あるいは弱い双曲線軌道にさえなるので、その軌道が閉じていないからだ。つまり軌道長半径は決まらないのである。そこで、彗星ではしばしば別のパラメータとして、「近日点距離」というものを用いる。太陽に軌道がもっとも接近する位置（近日点）の距離で、通常は小文字のアルファベットqを用いる。ちなみに、ある天体が太陽からどのくらいの距離にあるかを「日心距離」と呼び、小文字のアルファベットrで表す。ちなみに地球からの距離は「地心距離」と呼び、ギリシャ文字のΔで表すことが多い。

次に軌道の円からの歪み具合を示すパラメータとして「離心率」というものを使う。これは小文字のアルファベットeで表す。完全な円軌道では0、楕円軌道では0から1の間で歪みが大きいほど値は大きい。彗星のように放物線軌道では1となり、双曲線軌道では1よりもやや大きい値になる。発見直後の彗星では、観測データが少ないために軌道が正確に決められないので、まずは放物線軌道を仮定して計算することが多い。なお、楕円軌道では q ＝ a（1－e）という関係がある。

これで軌道の大きさや形が決まった。次に空間的に、彗星の軌道面が黄道面に対して、どんな傾きになっているかがを決めるパラメータが必要である。これが「軌道傾斜角」iである。なお、軌道傾斜角は0度から90度まででよいのだが、天体の公転の向きを考慮し、180度までをとれるようにしている。地球と同じ向きに公転する場合は、90度までで表し、逆方向の場合は、90度から180度までの値となる。前者を順行軌道、後者を逆行軌道と呼ぶ。

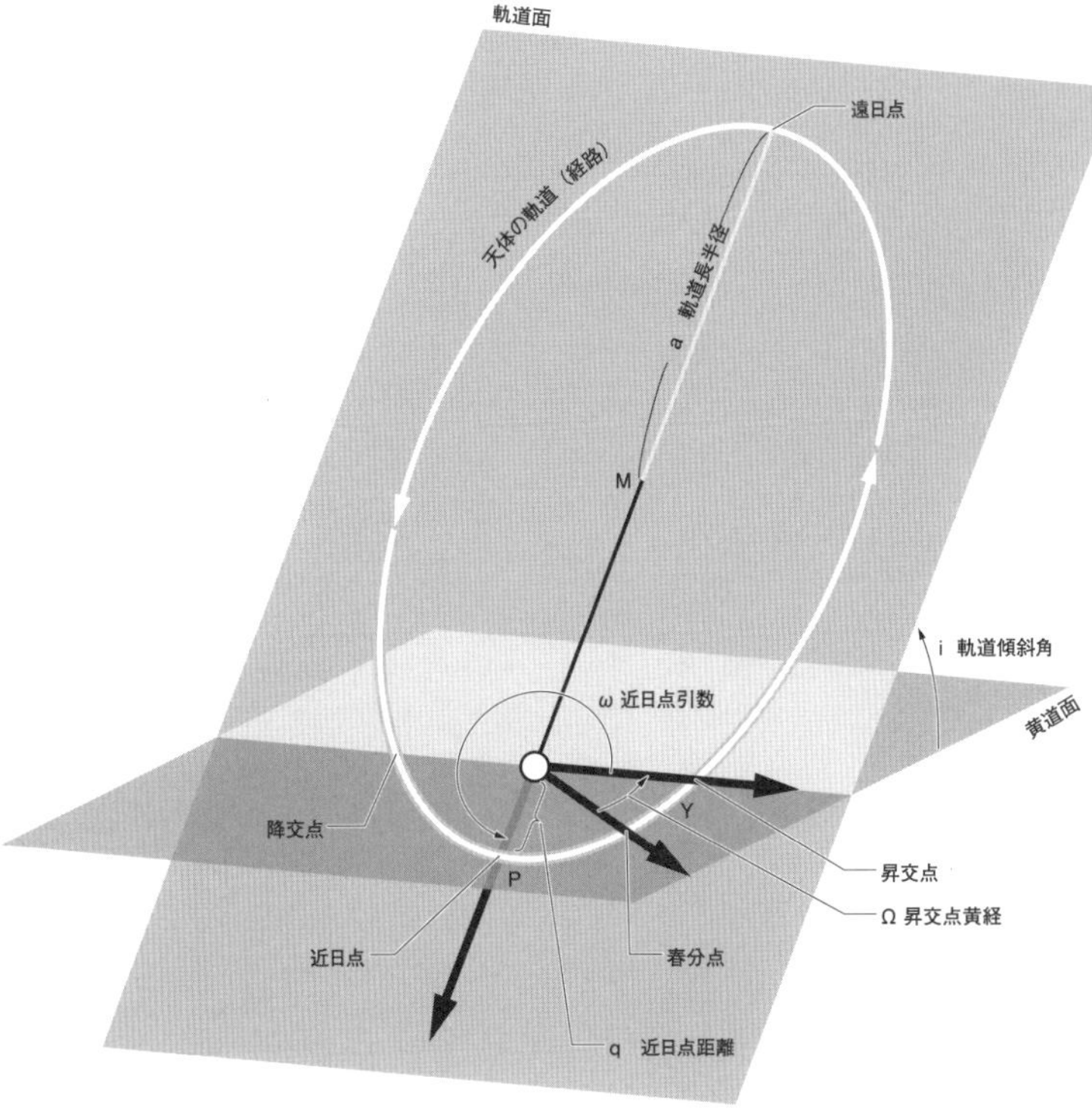

図 3-1：楕円軌道を巡る天体。

さらに、この軌道傾斜角で指定された軌道面が黄道面に対して、どの位置にあるかを指定するのが「昇交点黄経」で、大文字のギリシャ文字Ω（オメガ）で表す。彗星が黄道面を南側から北側に横切る位置（昇交点）の日心黄経である。ちなみに黄経とは、天球上に張った黄道面を基準とした座標系で、いわば天球上の緯度経度の経度に相当すると思ってもらえばいい。黄経の原点は春分点（黄道が天の赤道と交差する点で、太陽が南から北へ動く場所：逆側が秋分点）である。

最後に、空間的に決まった軌道面の中で、軌道の向きを決める必要がある。近日点は、すべての天体に存在するので、近日点の向きを指定すればいい。ということで、「近日点引数」というものを用い、小文字のギリシャ文字 ω で表す。これは天体の運動方向に沿って、昇交点から近日点まで測った角度である。この近日点引数、昇交点黄経、そして軌道傾斜角の三つの角度で軌道の向きが決まるので、この三つの軌道要素を角度要素という。

ここまでで空間における軌道の向きや形は決まるが、特定の時刻における彗星の位置を示す必要がある。これもいろいろなパラメータの取り方があるが、彗星の場合はおもに近日点を通過する時刻を用いる。上記の軌道要素と近日点通過時刻 T がわかれば、あとは任意の時刻での彗星の位置を計算することができるわけである。

注意すべきは、天体の軌道要素は、太陽とある天体との二体だけを取り扱う（二体問題と呼ぶ）だけなら一定値で変化しないが、実際には惑星の重力的な影響（摂動と呼ぶ）のために時間変化していく。そのため、ある特定の時刻の軌道要素を接触軌道要素と呼び、短周期の摂動による軌道要素の変化を取り除き、平均化した軌道要素を平均軌道要素と呼ぶことがある。惑星などのように、長期にわたって軌道が安定している天体は平均軌道要素が便利なのだが、彗星などの軌道の不安定な小天体では接触軌道要素を用いるのが普通である。この場合、その接触軌道要素を決めた特定の時刻を元期（Epoch）と呼ぶ。

3.2 太陽系のアウトロー：彗星の軌道

さて、彗星は、いってみれば我々の太陽系の中を勝手気ままに飛び回る太陽系の異端児といってもよい。八つの惑星はほとんど円に近い軌跡を描きながら、規則正しく太陽のまわりを回っている。その軌道の離心率は、ほとんどが0に近い。だから地球は太陽に近づいたり、遠ざかったりせずに、安定でいられるのだ（ただ、我々が認識できない程度には近づいたり、遠ざかったりしているが、その差は地球の場合3％しかない。ちなみに太陽に近づくのは1月初旬である）。そして惑星はほとんど同じ平面を回っている。軌道傾斜角は、ほとんどが10度以下である。もちろん、惑星の軌道が交差しているようなことはなく、惑星同士がお互いにものすごく近づくような事態も起こらない。そのために惑星たちは長い期間にわたって、つまり太陽系の年齢である約46億年という長きにわたって、その安定を保っている。

太陽系小天体の中でも小惑星や太陽系外縁天体では例外はかなりあるものの、惑星と同じように黄道面を順行軌道で動いている。大部分の小惑星、特に火星と木星の間にある小惑星帯に存在する小惑星のほとんどは、その軌道が円に近く、なおかつ軌道傾斜角もそれほど大きなケースは少ない。ただ、圧倒的に数が多いために相互の衝突や接近遭遇が起こるため、地球に近づく

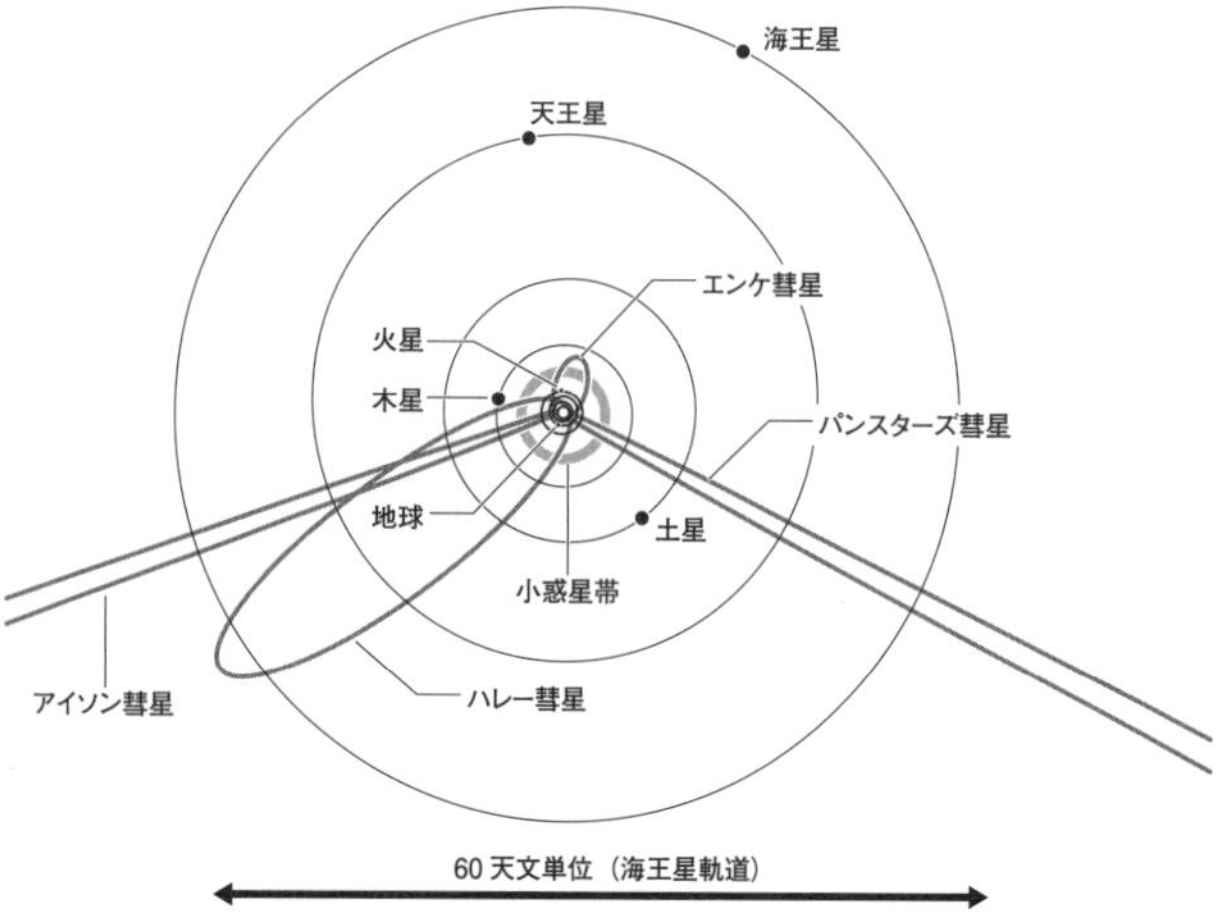

図 3-2：太陽系における典型的な彗星の軌道。惑星の軌道が円に近いのに対して、彗星のほとんどは大きく歪んだ軌道を持ち、惑星の軌道を交差していることがわかる。（提供：国立天文台）

小惑星が生まれたりする要因となっている。小惑星帯の中には、同じ軌道の性質を持つ一群の小惑星が見つかることがあり、これを族と呼ぶが、その起源は基本的には衝突によって分裂した破片群である。実際、最近では大きな小惑星に未知の小さな小惑星が衝突して、まるで彗星のような形になった現象も観測される他、もともと小惑星に含まれる水や揮発性物質の蒸発により、彗星のような活動を示すものも稀に見られる。

一方、彗星はもともと不安定な軌道を持つ割合が多い。彗星は、かなりの割合で軌道の離心率が1に近い、きわめて歪んだ楕円軌道を辿るからだ。そのため、もともと複数の惑星の軌道を横切って公転する、いわば太陽系のアウトローである。コンピュータ・シミュレーションを行うと、数百年から数千年の間、安定な軌道を持つ彗星というのは皆無といってもいい。惑星の軌道を横切るときに、その惑星の引力の影響を受けて、大きく軌道が変わってしまい、どこへ飛んでいくかもわからない。中には1994年のシューメーカー・レビー第9彗星のように、惑星そのものに衝突してしまうものさえある。

彗星が、このような不安定な軌道を描いていることには、なんらかの原因があるはずである。その軌道に秘められたメッセージは、いったいどんなものなのだろうか。多くの天文学者が古くから、この問題に挑んできた。それが次第に明らかになっていくのは20世紀半ばである。

3.3 軌道から見た彗星の種類：黄道彗星、ハレー型彗星、オールト雲彗星

これまで観測された彗星の軌道をよく調べてみると、大きく二つのグループに分けられることがわかる。一つは軌道長半径が比較的小さく、短い周期で太陽を公転しているグループ、もう一つは軌道がとても大きく細長くて、その周期がきわめて長いグループである。おおまかに前者を短周期彗星、後者を長周期彗星と呼ぶ習わしになっている。その境界線は、周期200年ということになっている。20世紀に何となく決められた数値なのだが、これはちょうどこのあたりで二つのグループの間にギャップがあり、分かれていたこと、そして〝きり〟がよいことから採用された便宜的なもので、この数値そのものにあまり意味はな

い。現在では、この数値前後の周期を持つ彗星も見つかっており、研究者の間でも、短周期彗星、長周期彗星という分類方法はあまり用いられなくなってきている。また、この分類方法は非常に誤解を生む点もある。放物線軌道や双曲線軌道のように一回限りの出現で、もう二度と戻ってこないような彗星も長周期彗星に分類してしまっているゆえ、あたかも周期があるように思えてしまうからだ。周期が定義できない彗星まで長周期と名乗るのは適切ではない。

大切なことは周期だけでなく、それぞれの彗星の軌道要素の特徴を、より細かく見ての分類である。上記の短周期彗星を調べてみると、その相当数は軌道傾斜角が小さい。つまり、黄道面に沿って、惑星と同じ向きに公転する順行軌道を持つ彗星である。離心率もそれほど大きくない楕円軌道を持つものが多い。黄道面に沿っているので、最近では、これらの彗星を「Ecliptic Comets」と呼ぶことが多い。まだ日本語訳が定まっていないが、本書では「黄道彗星」とでも呼ぶことにしよう。軌道の近日点はばらばらなのだが、その遠日点が木星軌道付近にあるものも多い。かつては、遠日点が木星付近にあることから、木星から彗星が生まれてきたのではないか、などという説も提唱されていたほどだ。こうした傾向は、木星だけでなく、土星や天王星にも見られるため、それらを特別に木星族、土星族彗星などと呼んだこともある。これは、黄道彗星の起源に関わる大事な特徴の一つなのだが、それはまた後に紹介する。

ところで短周期彗星の中には、その軌道傾斜角が小さくないものも混じっている。有名な例がハレー彗星である。周期は約76年と、周期だけの分類で言えば短周期彗星とされている

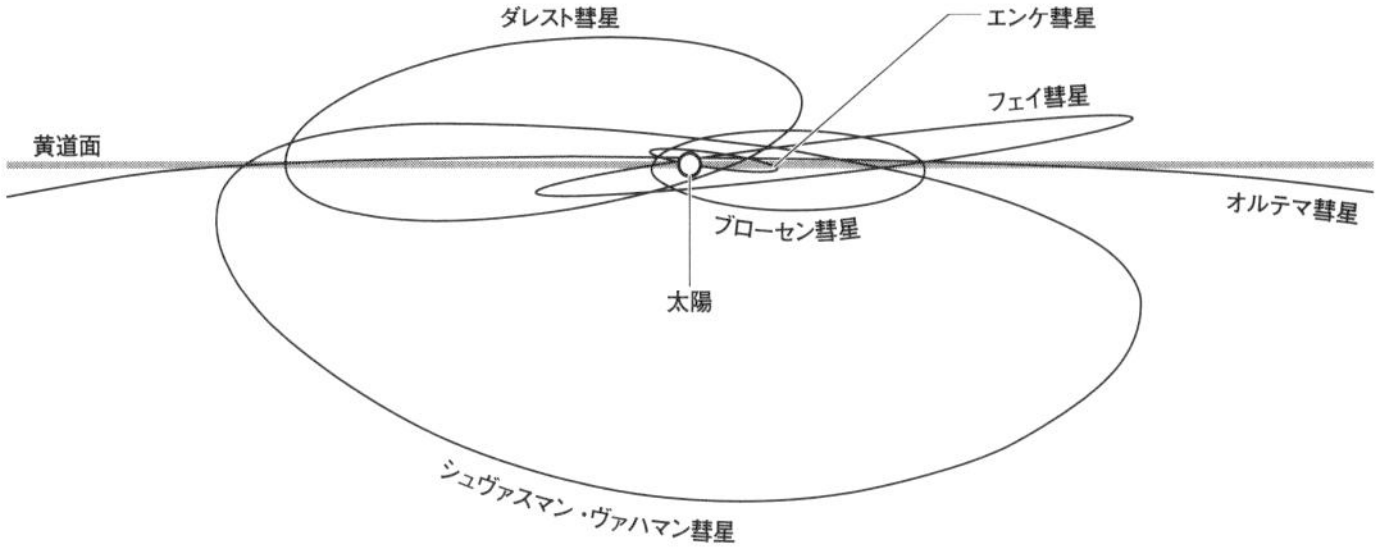

図 3-3：典型的な黄道彗星の軌道。太陽系を横から眺めたもので、黄道彗星のほとんどが黄道面に沿っていることがわかる。6 つの彗星（エンケ、フェイ、ダレスト、シュバスマン・バハマン、ブローセン、オテルマ彗星）

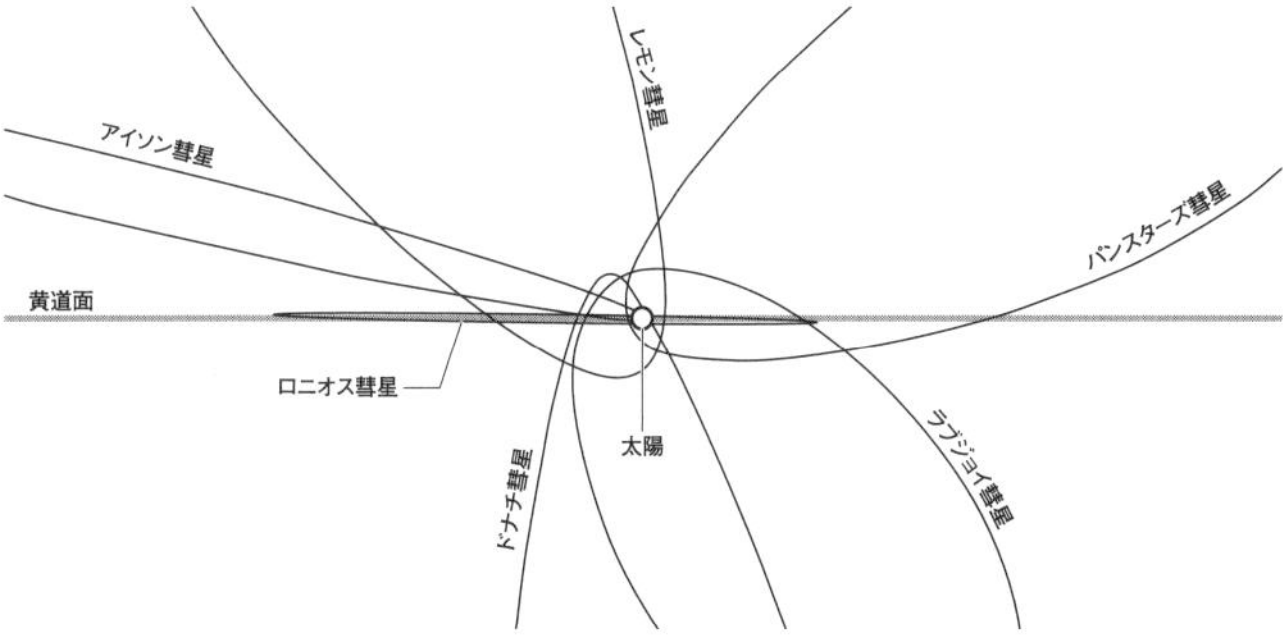

図 3-4：典型的なオールト雲彗星の軌道。まったくランダムに黄道面とは無関係に上からも下からも彗星がやってくることがわかる。6 つの彗星（パンスターズ、アイソン、ドナチ、ロニオス、ラブジョイ、レモン彗星）

が、軌道傾斜角は162度ときわめて大きな値を持っている。これは、ハレー彗星が惑星の向きと逆に公転している逆行軌道であることを示している。2024年に太陽に回帰したポンス・ブルックス彗星も周期が約70年、軌道傾斜角が75度と逆行軌道ではないが、ほぼ黄道面に垂直といってもよい。短周期彗星の中で、このように軌道傾斜角が大きな彗星を特別に「ハレー型彗星」と呼んでいる。

一方、紫金山・アトラス彗星などのように、長周期彗星の軌道は、黄道彗星とまったく違った軌道の特徴を示す。もちろん、周期が長いので、軌道そのものが大きいのだが、それだけではない。軌道の離心率がきわめて大きい。つまり、きわめて細長い歪んだ楕円軌道か、あるいは放物線軌道に近い。しばしば双曲線軌道のものもあり、これらは軌道が開いているので、出現は一度きりとなり、太陽から遠ざかれば太陽系を脱出し、二度と戻ってこない運命にある。ただ注意すべきは太陽に近づいたときの接触軌道と、遠ざかるときの接触軌道で離心率は微妙に変わることだ。観測時（太陽に近い期間）の離心率が1を超えて双曲線であることを示していても、太陽から遠ざかるにつれて離心率が小さくなり、1を割り込むことがある。これは惑星の摂動が効くためで、実際には非重力効果もあるため、追跡しないと本当に双曲線軌道に乗って太陽系を脱出するかどうかわからないことも多い。また、決定的に黄道彗星と異なるのは、その軌道傾斜角が大きなものが多く、その分布は黄道面と無関係である点である。こうした彗星の起源を調べて、その故郷として提唱されたのがオールトの雲なのだが、その名前をとって、これらの彗星を「オールト雲彗星」と呼んでいる。オールトの雲についてはこの後に紹介しよう。

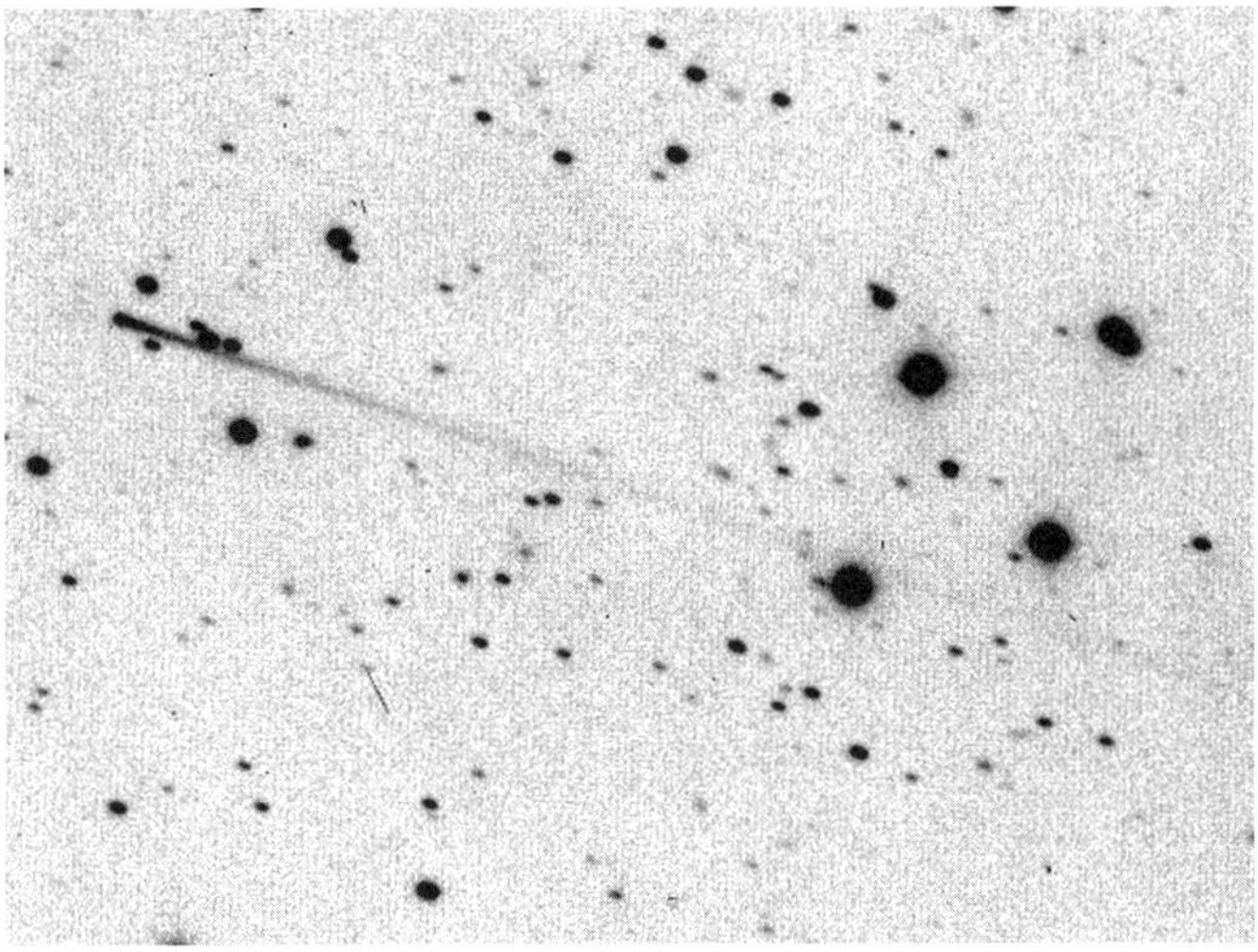

図 3-5：尾を伸ばした発見時のエルスト・ピサロ彗星。（提供：ESO）

ちなみに、一般的にこうした彗星の分類としては含めないのだが、オールト雲彗星の亜種として、近日点距離がきわめて小さく、太陽をかすめるような彗星、場合によっては太陽に衝突してしまうような彗星の一群があり、これを「太陽をかすめる彗星（サングレーザー）」と特別に呼ぶことがある。いまではSOHOなどの太陽観測衛星が常に太陽周辺も観測している関係で、非常に小さな彗星が多数見つかっている。どこまで小さな近日点距離を持つとそのように呼ぶかという明確な定義はなされていない。いずれにしろ、これらのほとんどはオールト雲彗星で、たまたま近日点距離がきわめて小さい、という彗星群だが、しばしば同じ軌道を辿ってくる一群もあり、前回に太陽に近づいた時に分裂した大きな彗星の破片群とも思われている。有名なのはクロイツ群で、サングレーザーの彗星の中で、ほぼ同じ軌道を辿るものがあり、それらの関係を最初に示した天文学者ハインリヒ・クロイツにちなんで命名された彗星の群れである。このクロイツ群に属する彗星は、しばしば大彗星となっており、1965年に大彗星となった池谷・関彗星が有名である。

ところで、近年、この彗星の分類を新たに付け加えざるをえない事態になっている。その発端はメインベルトコメットの発見だ。メインベルト、すなわち小惑星帯の彗星である。小惑星帯の中で、明らかに小惑星としての軌道を持ちながら、彗星活動を示す天体が見つかってきたのである。最初に発見されたのは、1979年に発見された小惑星7968番であった。その後、1996年にエリック・エルストとグイド・ピサロが、この小惑星から尾が伸びていることを見いだし、彗星としても分類され、彗星としての発見者名をとってエルスト・ピサロ彗星（133P/Elst-Pizarro）と命名されたのである。

小惑星として登録された天体が、その後、彗星活動を示すのはそれほどめずらしいとはいえない。太陽に近づく前は彗星活動を示さないで恒星状にみえるが、近づくにつれて活動が活発になり、コマを形成したり、尾を伸ばしたりするからである。しかし、エルスト・ピサロ彗星は状況がまったく異なっていた。小惑星帯の中にあり、しかも典型的な小惑星の軌道を持っていたからである。軌道長半径は3・16天文単位、離心率は0・16と小さく、小惑星として普通に円に近い軌道を持つ。近日点距離も2・65天文単位と火星よりも遠い。この距離で彗星活動として、物質を放出するのは何が原因なのか、当時から様々な理屈が提案された。通常の彗星のような揮発性物質の蒸発ではないか、あるいは小惑星同士の衝突によって塵が噴き出したのではないか、さらには小惑星の自転が速くなって耐えきれずに本体がばらばらになったのではないか、などさまざまな可能性が検討された。そうこうしているうちに、次に近日点を通過した2002年の後半にも、やはり数ヶ月間にわたる彗星活動の痕跡として尾が観測され、この天体は揮発性物質を含んでおり、それらが蒸発して彗星活動を引き起こしているという説が有力になっていく。その後、地球に近づく危険な小惑星を探すという目的もあって、サーベイ観測が盛んに行われるようになってくると、こうした天体が続々と見つかってきた。2005年には（238P）リード彗星と（176P）リニア彗星が発見され、やはりメインベルト彗星であることがわかった。現在では10を超える小惑星がメインベルト彗星として挙げられている。

しかし、例が増えるにつれ、揮発性物質（おもに水）が彗星活動の主因ではない、という例も現れてきた。その代表が小惑星（596）シャイラ（Scheila）だ。もともとは20世紀初めにドイツで発見された、何の変哲もない小惑星だったが、2010年12月に、この小惑星が明るくなっている、すなわちアウトバーストを起こし、彗星状になっていることがアメリカの天文学者によって報告された。バーストの影響は数ヶ月間続き、その間に様々な観測が行われた。特にハッブル宇宙望遠鏡なども向けられたのだが、揮発性物質は一切見つからなかったのである。国立天文台の石垣島天文台の1メートル望遠鏡や、すばる望遠鏡などによる観測によって、この彗星の初期の姿が詳細に撮影され、三つの尾のような構造が明らかになった。そして、その画像の解析とシミュレーションから、ソウル大学の石黒教授を筆頭とするチームにより、20～50メートルの小天体が30度以下の非常に低い角度で、追突するようにシャイラに衝突し、クレーターを形成し、その影響で塵が放出され、彗星状に見えたことが明らかになったのである。噴出した塵の総量は数10万トンにも上ると推定された。メインベルト彗星で確実に衝突起源の彗星活動が明らかになったのである。結局、この小惑星は彗星としての命名は行われず、現在でも、小惑星番号とシャイラという名前のままである。

一時期、メインベルト彗星を定義しようとするアイデアもあった（例えば、軌道長半径が木星より小さく、木星に対しての軌道特性として安定であり、なおかつ彗星活動が認められる天体、というものであった）。ただ、こうした小惑星と彗星の境界線が曖昧になった例はこれだけでなく、小惑星帯の外にも彗星活動を示す天体が確実に存在している。外側には後に詳しく述べるケンタウルス族の諸天体があり（２０６０キロンが代表例）、内側には、やはり通常は小惑星のように見えるが、流星群を伴っていたり、近日点付近だけで彗星活動をしていたりする小惑星（２０００フェートンが代表例）がある。その意味では、もっと包括的に呼ぶ方がよい、ということで、最近ではメインベルト彗星ではなく、一般的に「活動的小惑星」（Active asteroids）という名称が用いられるようになってきた。

もう一つ、近年、衝撃的な発見があった。新種の星間空間小天体の発見である。我々人類が住む地球は、太陽のまわりをぐるぐると回っているだけではなく、太陽と共に猛スピードで銀河系（天の川銀河）を駆け抜けている。その速度は秒速２００キロメートルを超え、およそ2億

図 3-6：石垣島天文台 1 メートル「むりかぶし望遠鏡」によって撮影されたアウトバースト直後の小惑星シャイラの姿。（提供：国立天文台）

年で、銀河系をぐるっと一周している。こうして銀河系を旅していれば、いろいろな天体にめぐり合うはずだ。暗黒星雲の中に突っ込むこともあれば、他の恒星へ接近遭遇することもあっただろう。ただ、我々はいま星雲や恒星の数も比較的少ない場所を通過中で、他の天体と出会っている感覚はない。星間空間を同じように旅している天体とめぐり合ったことが、これまでまったくなかったからだ。ところが、どうも見えていないだけだったらしい。２０１７年10月、ハワイ・マウイ島のハレアカラ山頂にあるパンスターズと呼ばれる天体望遠鏡が20等ほどの何の変哲もない天体を発見した。彗星のような細長い軌道だったため、国際天文学連合では彗星としての仮符号C/2017 U1をつけて、11月初めに発表した。ところが位置観測が進み、その軌道が正確に決まるにつれ、世界中の研究者に衝撃が走った。太陽系の外からやってきた可能性が強くなったからだ。このC/2017 U1は双曲線軌道、つまり太陽系の外からやってきて、たまたま太陽に近づき、通り過ぎて去っていく〝開いた〟軌道をたどっている可能性が高くなったのである。これまで小惑星は百万個、彗星は1万個を超える発見があるが、このように明らかに双曲線軌道を持つ天体が発見されたのは史上初めてであった。

先に説明したように、天文学では離心率という軌道要素がある。完全に円軌道だと離心率の値は0で、値が大きくなればなるほど、軌道が円から次第につぶれ、ひしゃげた楕円になっていく。楕円軌道の場合の離心率の値は1を超えることはない。ハレー彗星は、地球の内側までやってきて太陽に近づくが、遥か遠く海王星を超えたところまで遠ざかる、きわめて細長い軌道を周回しており、その離心率は０・97である。さらに一部の彗星は太陽から遠く離れた、オールトの雲と

図 3-7：星間空間小天体として発見されたオウムアムアの想像図（提供：ESO/M. Kornmesser）

いう場所からやってくるが、その場合の軌道はきわめて放物線に近い楕円軌道になる。それでも、もともとはきわめて細長い楕円軌道なので、0.9999 などときわめて1に近いが、1を超えることはない。離心率が1というのは放物線軌道で、数学的には太陽を周回するか否かのぎりぎりの軌道である。これが1を超えると双曲線軌道となる。オールトの雲からやってきた彗星では、離心率が1をわずかに超える場合もしばしばあるが、たいていは太陽系内部に入り込んだときに木星や土星の影響によって軌道が微妙に変化したか、太陽熱による氷の蒸発によって加速した結果で、もともとの原初軌道は放物線に近い楕円軌道で、いずれも太陽系の中に閉じた天体であった。

ところが、この C/2017 U1 の離心率は

1・2と算出されたのである。この値は、考えられる惑星の重力の影響や軌道決定の誤差を超え、明らかに双曲線軌道といえる値である。双曲線軌道は、いわば〝開いた〟軌道であり、太陽に近づくのは一度だけ、つまりもともと太陽系の外からやってきた、つまりたまたま太陽に近づいた星間空間の旅人ということになる。発見者グループからの提案で、通称はオウムアムア（ハワイ語に由来する言葉で、オウは「手を伸ばす、手を差し出す」、ムアは「最初の」という意味で、繰り返しは強調）となった。太陽系の外からやってきた最初のメッセンジャーという意味が込められている。世界中の多くの望遠鏡が、この天体に向けられ、さらに驚くべきことが判明した。明るさの変化がきわめて大きく、推定される形状の長さは400メートル、幅は40メートル程度と極端に細長い天体ではないかとされたのである(図3-7)。太陽系のこれまでの小天体では、細長くても比率は3：1どまりで、これだけ極端な例はなく、自然の天体としてはかなり奇妙である。実際に、不自然な加速があることから、人工建造物、例えば巨大な宇宙船ではないか、という噂があったほどだ。なお、その後、この形状はむしろ平たい円盤状ではないかという説も提案されている。

もちろん宇宙船説は信用されてはいないが、いずれにしろこうした星間空間の旅人と出合えたのは幸運であったと誰もが思った。次はなかなかないだろう、と思っていた。ところが、である。2019年になって、その二例目が見つかったのだ。8月にロシアで発見されたC/2019 Q4、通称ボリソフ彗星である。そして、その軌道に世界中の天文学者が目を丸くした。なにしろ、9月11日に発表された軌道の離心率は3を超える、とんでもない値だったからだ。この離心率はオウムアムアを遥かに凌駕している。そして、今回はオウムアムアでは確実には見られなかった明確な彗星活動、つまり太陽熱による蒸発を示していたのだ。その成分は太陽系の彗星と大差がなかったのだが、太陽系で生まれたのではない揮発性物質を含む小天体が観測されたのは、これが初めてであった。いずれにしろ、オウムアムアの発見後、すぐに同じような星間空間小天体が発見されるとは誰も思っていなかった。これまでは気づかなかっただけで、実は案外多くの星間空間の旅人が太陽系を訪れているのかもしれない。

いずれにしろ、星間空間小天体に関しては、現在のところ、軌道からの分類のみで彗星と小惑星の区別をしていない。I/という記号でオウムアムアが1I/、ボリソフ彗星が2I/とされている。

3.4 彗星はどこからやってくるのか?

軌道がわかってくれば、軌道を逆にたどることで、彗星の故郷を探ることができると誰しも思うだろう。実際、彗星の発見個数がまだ少ない時期から、そのような試みはなされてきた。特に短い周期を持つ黄道彗星では、遠日点が木星軌道付近に集中していることから、木星族彗星などという言葉が生まれ、彗星は木星から飛び出して生まれたのではないか、という説も提唱されたことがある。実は、アメリカの天文学者フレッド・ホイップルが汚れた雪玉説を唱えた1950年頃に、彗星の軌道についてきわめて重要な発見や提案が試されている。

最初に軌道の解析から、彗星の故郷のメッセージを解き明かしたのはオランダの有名な天文学者ヤン・ヘンドリック・オールトである。彼は放物線軌道の彗星、いまでいうオールト雲彗星を統計的に調べ、その原初軌道（太陽系内部に近づく前の軌道）における遠日点（太陽からもっとも遠い軌道上の点）の分布がランダムであり、黄道面とも無関係な分布であることを見いだした。しかし、大事な点は、その遠日点の距離が太陽からある範囲に集中していることを見いだしたのだ。そして、ここが彗星の故郷であると考え、1950年に「太陽系をとりまく彗星雲の構造とその起源についての仮説」と題する論文を発表した。オールトはオランダの天文学者で、銀河系の研究でたいへんな功績を挙げ、オールト定数（銀河系の回転を考慮するとき、太陽系周辺の恒星の系統的な運動を表す式に登場する二つの定数）が天文学では有名なのだが、彗星研究でも功績は大きかった。彼の提唱した彗星の故郷が、現在「オールトの雲」と呼ばれるものである。

遠日点は太陽から10から20万天文単位に集中していた。その付近がこれらの彗星の供給源であることは明白であり、太陽の重力が隣の恒星との重力と拮抗する付近であり、ぎりぎり太陽系内と言えるだろう。黄道面とは無関係に、太陽系を大きく取り囲むような球殻状の構造も、全方向から彗星がやってくることも説明できる。その軌道傾斜角は等方的に分布しているからだ。現在では、当初よりも少し小さめで、大きさ1万から10万天文単位と推定されつつある。いずれにしろ、彗星のうち軌道長半径が大きく、離心率が大きな放物線に近い彗星は、このオールトの雲が故郷であると考えられる。

まぁ、雲とはいっても、地球の雲のようにびっしりと粒子が集合して、その先が見えなくなるようなものではない。広い空間に小さな天体（太陽に近づくと彗星となるような氷微小天体）がぽつりぽつりと点在していて、まるですかすかの構造だ。したがって、地上からはまったく何もないように見えるので、本当は雲に喩えるのは適切ではないかもしれない。ただ、その数は半端ではない。一千億個とも一兆個ともいわれるほどである。しかし、空間が広大であること、一つ一つの天体が小さいことから、現在でも直接的に証明されたことがないものの、その存在は確実視されている。

さらに、ここからやってきた彗星のうち、たまたま惑星、おもに木星に接近したものが軌道を変えられ、短周期彗星になると考えられた。短周期彗星の遠日点が木星付近に集中しているのは、この接近遭遇のためと考えたのである。実例もあった。1770年に発見されたレクセル彗星は、その後の研究からその直前の1767年に木星に近づいていたことが判明した。おそらく、この接近で軌道を変えられ、観測可能な短周期彗星になったのだろう。おもしろいことに、この彗星は1779年7月に再び木星へ接近し、放物線に近い軌道へと放り出されてしまった。このような例が判明してくるにつれ、短周期彗星＝惑星による捕獲起源という説はますます強くなっていった。オールトは、我々の銀河系の回転構造を明らかにした業績などにより、1987年の第3回京都賞を受賞したほどの高名な天文学者だったせいもあって、しばらくはオールトの雲仮説で彗星の起源は決着がついたかに思われていた。

ところでオールトよりも早く、彗星の別の故郷を考えていた天文学者がいた。冥王星よりの外側に彗星の故郷がある、と主張したのは、アイルランドの天文学者ケネス・エセックス・エッジワースである。彼は、1943年の論文で、短周期彗星、現在の分類でいえば黄道彗星が太陽系

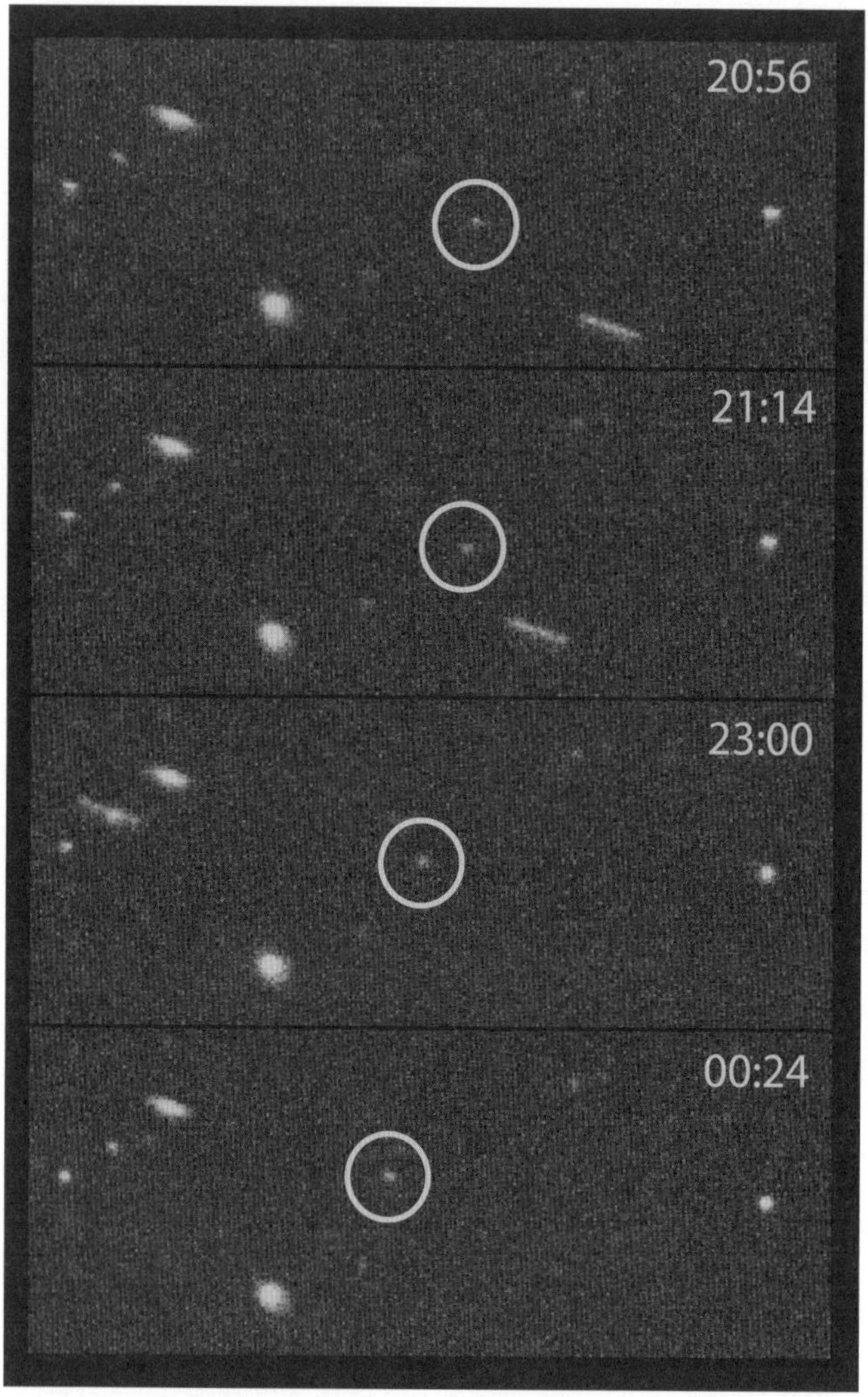

図 3-8：1992QB1 の発見画像。時間をおいて撮影した視野の中にきわめてゆっくりと動く天体（○印）を人類が初めて目にした太陽系外縁のエッジワース・カイパーベルト天体である。（提供：UCLA,D.Jewitt,J. Luu）

の惑星が存在する面（黄道面）に集中していることから、オールトのような球殻状の故郷ではなく、冥王星の外側に黄道面に沿ったベルト状の彗星の故郷があると考えたのである。後に、オランダ生まれのアメリカの天文学者ジェラルド・カイパーも、海王星や冥王星より遠方にまだ未知の領域があり、そこには小さな天体によるベルト状の構造があると予測した。こういった考えは、しばらくはオールトの雲の影に隠れて、しばらくは顧みられることはなかったが、１９８０年代から、従来のオールトの雲では短周期彗星を説明できないことが明らかになり始めた。当時から急速に進歩し始めたコンピューター・シミュレーションによって、理論的に短周期彗星がオールトの雲からやってくる彗星起源ではとうてい説明できないことがはっきりしてきたのである。

こういった状況下で太陽系外縁部の探査を始めたのがデイビッド・ジューイットを筆頭とするハワイ大学のグループであった。彼らは感度の良いＣＣＤをいち早く観測に用いて、地道にサーベイを続け、１９９２年になって、初めて冥王星付近にある小天体1992QB1を発見した（図3-8）。この天体は現在は、アルビオン（15760 AlBion）と命名されている。これ以降、一挙に後者の説：すなわち冥王星の外側に彗星の故郷がある、という説が浮上してきたのである。現在、このベルト付近には１０００を超える小天体が発見されており、現在ではエッジワース・カイパーベルトあるいはカイパー・ベルトと呼ばれている。

これによって、現在観測される長周期彗星の大部分はオールトの雲から、短周期彗星の大部分はエッジワース・カイパーベルトから、ゆっくりと太陽系の内側へやってきたものと思われつつある。二つの異なる彗星の故郷が明らかになったのである。ただ、まだエッジワース・カイパーベルトとオールトの雲との関係ははっきりしていない。さらにエッジワース・カイパーベルトの外側から、数億年というタイムスケールで、ゆっくりとオールトの雲へ彗星を供給しているのではないか、と考える研究者もある。

3.5 太陽系の内側への軌道進化の道

それでは、実際にエッジワース・カイパーベルトから、我々が見る短周期の黄道彗星への進化を示す例はあるのだろうか。実は1992年のエッジワース・カイパーベルト天体の発見以前から、おかしな小惑星がいくつか発見されていた。もともと小惑星のほとんどは木星と火星の間の小惑星帯にあるが、木星よりも遠いところで、すでにいくつか見つかっていたのである。

もっとも有名なのは1977年に発見された小惑星（2060）カイロンだ。この小惑星は土星の外側にあり、その遠日点は天王星軌道にまで達する。発見以来、多くの研究がなされてきたが、特異だったのは、その遠さばかりではなかった。通常の小惑星のスペクトルと異なり、非常に平坦なのっぺらぼうなものだった。また、このような軌道では、通常の小惑星帯の小惑星のように長期に安定ではいられない。せいぜい数百万年程度の安定性しかないのである。ということは、カイロンはどこからか、比較的最近やってきたはずである。さらに驚くべきことに、1989年になって、この小惑星のまわりに明らかに本体から放出されたと思われる塵のコマが見つかったのである。こうなると、その定義から彗星と考えざるを得ないわけである。また、1995年にはアメリカの電波望遠鏡により、一酸化炭素分子の発する電波も検出された。明らかに彗星的な活動を示していたのである。

このカイロンを皮切りに、現在は他にもこういった天体が土星と海王星の軌道の間に相当数が発見されている。カイロンの他には彗星的な活動を示している天体はいまのところはないが、現在では軌道の安定性などから、これらの天体はすべてエッジワース・カイパーベルトから内側へ落ち込んできたもの、との見方が大勢を占めている。太陽系の外側のベルトから内側へと軌道を変えながら短周期彗星へと進んでくる途中の天体なのである。その成分といい、軌道の様子といい、まさに黄道彗星とエッジワース・カイパーベルトを結ぶ接点といっていいだろう。現在では、これらの天体をまとめて「ケンタウルス族」と呼んでいる。

それでは、このケンタウルス族の天体は、どのようにエッジワース・カイパーベルトから内側へと軌道進化するのだろうか。天体が小惑星帯のように多数、同一領域に存在する場合、46億年の長期にわたって、そのままでいられるわけではない。一定の確率でお互いの重力を無視できないレベルに接近遭遇し、軌道が変化することがある。場合によっては衝突してばらばらになるケースもあるだろう。また海王星をはじめとする惑星摂動の影響でも軌道が変化する可能性もある。こうして軌道が変わると、中には海王星に接近するようになる天体も出てくる。海王星の重力はきわめて強いので、その接近によって内側へ落とし込まれるケースが出てくる。こうして海王星により、内側へ軌道進化させられた天体こそがケンタウルス族である。その後、一定の割合で、さらに内側の天王星に近づく。すると天王星も同じように強力な重力でさらに内側へと放り込むケースが出てくる。こうして内側への軌道進化した天体の一部がさらに、土星、そして最終的には木星の影響で内側へ放り込まれる。こうして遠日点が木星の軌道付近に存在する黄道彗星が誕生するのである。いってみれば海王星、天王星、土星、木星という巨大惑星のバケツリレーにより、黄道彗星が誕生しているのだ。注意すべきは、この一連のバケツリレーの最中に、かなりの数の天体は太陽系外に放り出されるとみられている点である。内側に落とし込むものもあれば、外側に放り出してしまうものもあるからだ。その確率は半々だとしても、最終的に素直に黄道彗星になる数は2の4乗分の1、すなわち16分の1程度になる。この道筋はシミュレーションによって、ほぼ立証されたといってよいだろう。

しかし、まだ解決されていない謎もある。まず、ケンタウルス族の小惑星は黄道彗星に比べると巨大であることだ。カイロンなどは大きさが80キロメートル程度と巨大だ。他のケンタウルス族の天体も、大きさが数十キロメートルサイズのものがほとんどであり、平均直径が数キロメートルサイズといわれている黄道彗星とはまるで一致していない。もちろん、これは大きい天体ほど発見されやすいという観測バイアスによるものである。果たして、ケンタウルス族あたりの領域には、もっと小さな天体がたくさんあるのかもしれない。あるいはこうした大型の天体が、内側に進化するにつれ、どんどん壊されていく可能性もある。いわゆる分裂進化説だが、まだまだ整合性がとれていない。

もう一つの謎は、その数の多さである。最近のハワイ大学のジューイットの捜索によれば、ケンタウルス族の天体の捕獲率がエッジワース・カイパーベルトに比べて非常に高いという。彼はケンタウルス族そのものも実は黄道彗星の故郷で、広い意味でのエッジワース・カイパーベルトの内側を成しているのではないか、と主張したほどだ。とすればケンタウルス族の領域を含めてエッジワース・カイパーベルトの内側こそが黄道彗星の故郷であり、ベルトの外側はオールトの雲を通じての放物線軌道の故郷になっているのかもしれないとさえ考えられる。

いずれにしろ、我々人類は太陽系の外側を最近になってやっと見ることができるようになったばかりで、まだまだ本当のことはわからない。そもそもベルトの外側に未知の第9惑星が存在する可能性があるとして、いまでも捜索が行われているほどである。エッジワース・カイパーベルトでさえ、どこまで伸びているのか、まだ誰も知らない。彗星の軌道に秘められたメッセージを通して、我々はなんとかその奥を見ようとしている状況ではある。

一方、エッジワース・カイパーベルトの研究が急速に進展しつつあるからといって、オールトの雲の重要性はまったく揺らいではいない。放物線軌道に近い彗星は、確実にオールトの雲付近を起源にしており、初期にオールト自身が考えたように、惑星に接近・捕獲されて短い周期の彗星になったものも少ないながら存在する。短い周期の彗星の中で、軌道傾斜角が大きな、つまりハレー型彗星はオールトの雲起源と考えていいだろう。その代表がハレー彗星である。ハレー彗星の軌道傾斜角は162度と、ほぼ逆行軌道である。他に、しし座の流星群を生み出すテンペル・タットル彗星や、ペルセウス座流星群の母彗星であるスイフト・タットル彗星などもオールト起源と考えられる。

しかしながら、こういった彗星は軌道傾斜角が大きいものが主なので、惑星への接近の機会は稀である。例えば、1997年に出現した大彗星、ヘール・ボップ彗星の例でも、主要な惑星にはほとんど近づくことはなかった。唯一、黄道面を横切る昇降点の位置が、ちょうど木星軌道付近だったので、やってくるタイミングが少し異なれば木星に接近し、ヘール・ボップ彗星もハレー彗星のような短周期の彗星になってしまっていたかもしれない。

3.6 そもそも彗星の故郷はどうしてできたのか

現在、我々の前に姿を現す彗星は、前述の二つの故郷からやってきているのだが、さらにもとを辿って、これらの故郷がどうしてできたかを紹介しておこう。話は、我々の太陽系の惑星が生まれた頃、約46億年前に遡る。太陽が生まれたての頃、そのできたての太陽のまわりにはガスや塵が円盤状に集まっていた。これは原始太陽系円盤と呼ばれるもので、現在の惑星が存在する平面(黄道面)に沿った平べったい形をしていた。この雲の中では、微惑星と呼ばれる小さな小さな塊が無数にできたと考えられている。微惑星は太陽からの距離に応じてサイズも違えば、成分も異なっていた。地球あたりでは水が凍らないので微惑星の成分は岩が主体であるが、木星あたりでは水の氷、そして海王星あたりでは、それに二酸化炭素や一酸化炭素が混じった、まさに彗星の核のような成分になる。二酸化炭素の氷は、ケーキを買ったときに箱に入れてくれるドライアイスである。ドライアイスは水よりももっと低温でないと凍らないことはわかるだろう。太陽系空間でいうと水は火星と木星の間あたり、ちょうど小惑星がたくさんある場所よりも遠いところなら凍ることができる（ちなみに水が固体として振る舞うか、気体になってしまうかを決める境界線を雪線（スノーライン）と呼ぶ。原始太陽系円盤の時代の雪線は、現在の小惑星帯のあたりにあったと考えられるが、この線は岩石惑星となるか、巨大惑星に成長するかを決める境界線でもあり、惑星形成論においては、きわめて重要な概念である）。しかし、二酸化炭素はもっと遠くないといけない。木星、土星を通り越して、天王星、海王星のあたりになる。また、微量ながら彗星には一酸化炭素の雪も存在していると思われている。一酸化炭素が凍る場所はさらに遠く、冥王星の外側、我々太陽系の最果ての地になる。こう考えると、彗星は地球のような太陽系の内側の暖かい場所でなく、太陽系のかなり外縁部で生まれたらしい、と想像がつく。太陽よりも遠方でできた微惑星が、彗星なのである。その意味で彗星は46億年前の物理・科学的状態を閉じ込めた化石とも言えるだろう。

いずれにしろ、こうした微惑星はお互いに衝突を繰り返し、壊れたり、くっついたりしながらだんだん大きくなっていく。そのうち一番成長の速いものがまわりの微惑星をどんどん取り込んで急速に大きくなり、重力が強くなり、さらに周囲の微惑星を取り込んで、という形で、雪だるま式に巨大化し、やがて原始惑星になるのである。もちろん、我々の原始地球も、こういった微惑星の衝突によって、ここまで大きくなったのだ。ついでにいっておくと、最終的には原始惑星同士も衝突合体などを繰り返し、多少、軌道も移動したりしながら、現在の8つの惑星ができあがったといわれている。現在の太陽系空間には微惑星はなくなってしまっているので、衝突というのはかなり稀な現象になっているが、太陽系誕生時にはごく普通に起こっていた。それこそ

1994年に起こったシューメーカー・レビー第9彗星の衝突などは、太陽系の初期にはありふれた現象だったのだろう。

ところで、この過程で微惑星すべてが原始惑星に取り込まれてしまうわけではない。微惑星やそれらの合体した小天体が、惑星に衝突すれすれの軌道を通ると、その重力で軌道が変わって、太陽系空間から飛び出していくものも相当数あったと思われる。特に惑星の質量の大きな木星から海王星の領域から飛び出したものは圧倒的に数が多い。また、そこでできた微惑星の成分は、先ほども述べたように彗星の成分そのものである。実は、この飛び出して宇宙を放浪する微惑星が大事である。これこそがオールトの雲をつくったと思われているからだ。

放り出された微惑星の中には、太陽系を飛び出してしまい、銀河系をさまよう運命を辿るものも多い。実際、先述した星間空間小天体、特に2I/ボリソフ彗星は、他の惑星系で生まれた微惑星が飛び出してきたものである可能性が高い。とすれば、我々の太陽系を飛び出したものも数多くあるはずである。その一方で、太陽の重力を振り切れず、太陽系から飛び出さずに太陽の重力に繋がれた微惑星も少なくなかった。こうした微惑星は、太陽からどんどん離れ、ついには数万天文単位に達する。ここではもはや太陽の光も他の星の光と変わらないほど弱くなってしまう。漆黒の宇宙空間で冷たく凍りついたままになる。このような微惑星、つまり運良く太陽系の勢力圏内にとどまったものは、何億年という長きにわたって太陽から遠く離れた場所で時を過ごすことになり、やがて太陽に再び戻ってくることになる。ほぼ放物線軌道の場合、その遠日点では数学的に無限に近い時間を過ごすことになるからだ。こうした微惑星が46億年たっても無くならず、いまだにときどき戻ってくる理由は、ここにある。

一方、その何億年もの間、太陽は銀河系をぐるぐるまわり、他の恒星と接近遭遇したり、暗黒星雲に近づいたりすることがある。このとき、その星や星雲の重力の影響を受けて、太陽の勢力圏にいる微惑星は、その軌道を再び変えるのである。あるものは太陽系から外へ飛び出し、あるものは逆に太陽の方向へ向かって落ちてくる。ここで大事なのは、彗星の運動の方向が内向きか、外向きかに変わるだけでなく、上向き、下向きとあらゆる方向に変えられることだ。そして、このような星との接近が起きるたびに、いつしか微惑星達は太陽を球殻状に大きくとりまく分布をつくるのである。最初に放り出される先は太陽系の惑星が存在する平面、つまり黄道面に沿った帯状の分布になるのだが、そこからこのような球殻状の構造をつくるまで、たった1回の恒星遭遇による重力の作用で可能である。

この球殻構造こそが1950年にオランダの天文学者ヤン・ヘンドリック・オールトが提唱したオールトの雲なのである。

では、もう一つの彗星の故郷、エッジワース・カイパーベルトはどうなのだろうか。実は、こちらはもっと単純である。再び太陽系誕生の頃に話を戻してみよう。内側の方で急速に原始惑星が成長しつつある頃、外側ではまだまだ微惑星同士が衝突・合体を繰り返していた。というのも、このような現象の進むスピードは太陽に近いほど速いからである。太陽のまわりをぐるっとひと回りする周期は太陽に近いほど短い。水星では周期が約88日、地球では1年、木星では約11・9

年、海王星になると約165年である。つまり水星では一周かけて起こることが海王星では約650倍もかかるわけだ。微惑星の衝突・合体の頻度は、大まかにいえば、このスピードの2乗ほどで進むから成長速度の違いはもっと大きくなる。こうした成長の途中で、突然、惑星を成長させてきた、あるいは微惑星をつくるもとになっている原始太陽系円盤からガスがなくなってしまう。いつごろ、どうしてなくなるのかは未だによくわかっていない。ただ、現在できつつある若い星を電波望遠鏡などでよく調べてみると、どうも星には成人になる前に一種の反抗期があって、急に活発にまわりのガスを吹き飛ばしているらしい。この反抗期の時に太陽もまわりのガスを吹き飛ばしたのではないか、といわれている。

ともかく、材料がなくなれば成長は進まない。ある程度、大きな原始惑星が出来てしまったような場所なら、既にできあがったものをとりこんである程度は成長できるが、まだ微惑星がやっと衝突・合体を繰り返すような段階で原始太陽系円盤からガスがなくなってしまうと、成長しにくくなってしまうのだ。というのも、ガスは微惑星の運動に常に摩擦を与えるから、衝突するような軌道にある二つの微惑星の相対速度を小さくする「ダンパー」の役目を果たしているからだ。このような小さな天体の衝突では、お互いの相対速度が大きいと、破壊ばかりが起こって合体成長には繋がらない。したがって、まだ微惑星が衝突合体する段階にあった海王星よりも外側では、急に原始太陽系円盤からガスが無くなってしまったため、その後は合体成長が起きなかった。これが、どうして海王星の外側には大きな惑星がないか、という理由である。エッジワース・カイパーベルト天体のような小天体がごろごろ存在しているか、という理由でもある。つまり、太陽系外縁部の彗星の故郷は、惑星にはならなかった微惑星、あるいは原始太陽系円盤の中で微惑星が合体成長しつつあった小天体群なのである。もちろんここは極端に冷たい領域なので、一酸化炭素や二酸化炭素を含んだ氷の天体であり、成分的にも彗星と一致するのである。

いずれにしろ、彗星が微惑星の生き残り、あるいは微惑星がある程度合体成長した天体で、それらが冷たい場所で冷凍保存された結果と考えるならば、これはたいへん重要な意味を持っている。我々の地球を含めて、惑星はあまりに大きくなってしまっているために、その表面物質は熱的にも機械的にも大きな変成を受けている。そのために、太陽系ができたころの情報は完全に失われている。ところが、その時代の微惑星が惑星にならずに飛び出してしまい、彗星として帰ってきているとすれば、これはまさに太陽系の過去を氷の中に閉じこめた化石に他ならない。しかも、その氷の化石の中を覗くためには、それを融かす必要があるが、実に都合の良いことに、彗星は自分から太陽に近づいて、その秘められた過去を白日のもとに晒すのである。彗星という天然の冷凍庫で眠っていた太陽系誕生の記憶が明かされる、と言える。我々天文学者は宇宙の考古学者として、ときどきやってくるこの化石を調べては、当時の状況を想像しているわけである。

彗星、その不思議なる天体への興味は尽きない。数多くの天体望遠鏡が向けられるだけでなく、いまや数々の彗星探査が行われている。彗星の姿を見るとき、我々はこの地球をつくり、惑星をつくった時の46億年前の閉ざされた太古の記憶の一端を垣間みているのだ、と思えば、また実に感慨深いものといえるのではないだろうか。

3.7 そして彗星はどこへ行くのか？

さて、46億年前の記憶を保ったまま、太陽に近づいて華麗な姿に変身する彗星だが、その後の運命はどうなるのだろうか。遙かな時空を旅してきた彗星が揮発性物質を永遠に放出し続けることはできない。始まりがあれば、かならず終わりはあるものである。実は彗星の旅路の終わりについては、確実なパターンもあるのだが、まだ解明できていないことも多い。

まずいくつか確実なパターンから紹介しよう。一つは太陽系から永遠に放出され、星間空間小天体となるパターンである。先にオールトの雲の生成モデルを説明したが、その際、つまり46億年前の太陽系惑星形成時に微惑星として多数の小天体が星間空間に放出された。それは数が少なくなったとはいえ、現在でも続いている。オールトの雲彗星は、ほとんど放物線に近い楕円軌道でやってきているが、惑星の摂動を受けて微妙に軌道が変化する。その摂動がどのように効くかで、太陽を回る周期が短くなって、かなり小さな楕円軌道になるものもある。こうした彗星は、その後何度も太陽に近づくので、しばらくは彗星として生き残る。一方で、放物線よりもスピードアップして、双曲線軌道になるオールトの雲彗星もある。こうなると、太陽から遠ざかるだけでなく、二度と太陽には戻らない星間空間へと旅をすることとなるのである。どちらになるかの確率はざっと半々といってよい。したがって、いまでも太陽系は小天体を放り出し続けているのである。逆に星間空間には、太陽以外の惑星系で作り出された小天体がうじゃうじゃ存在していることを意味する。先に紹介したオウムアムアやボリソフ彗星は、まだまだその氷山の一角なのだろう。

オールトの雲彗星でも、太陽に近づいたときに偶然、惑星に接近し、大きく軌道を変えるものがある。その一例が、周期がかなり短くなって太陽を周回するようになったハレー型彗星の一群であることは紹介した通りである。

オールトの雲彗星にしろ、黄道彗星にしろ、惑星がその軌道進化の要を握っている。黄道彗星の場合は、バケツリレー式に内側へと軌道進化する間にも、惑星と接近した際に、ほぼ一定の確率で双曲線軌道として放り出されて星間空間天体となっている。そのプロセスが観測されている彗星もある。1770年に発見されたレクセル彗星というのが、その数少ない例かもしれない。この彗星はもともとフランスの彗星捜索者メシエによって発見されたもので、日本でも菅茶山の「筆のすさび」の明和7年の記述に「白く丸き傘の如くなる者、初昏中天に見え」たとある。この彗星の軌道計算からロシアのレクセルという天文学者が、発見前の1767年に木星に接近していたことが判明した。この彗星は彼を記念してレクセル彗星と呼ばれるようになった。またその後の研究では1779年7月に再び木星に0.0015天文単位、約25万キロメートルにまで接近し、周期が256年の長周期軌道へ放り出されたと思われている。これが正しいとすれば、今度は2035年に再び木星軌道付近にまで近づくはずだが、18世紀の位置観測の精度は良くないので、軌道自体もきわめて誤差が大きく、不確かである。もしかすると双曲線軌道に乗って、完全に太陽系から放り出されていて、永久に見つからないかもしれない。

もう一つ確実な彗星としての終焉は、惑星や天体への衝突である。1994年に起こったシューメーカー・レビー第9彗星の木星衝突のように、惑星やその衛星に衝突してしまうものがあるのだ。彗星が惑星に衝突している間接的な証拠はたくさんある。例えば、もっとも太陽に近い惑星である水星の地下氷である。もちろんその表面には衝突跡がクレーターとして残っているが、この北極付近に永久影の部分があり、その地下には氷があると思われているのだが、これが彗星衝突によって供給されたのではないかといわれているのである。1991年から始まった水星のレーダー観測実験で、アメリカ・ゴールドストーンにある70メートル・パラボラアンテナとVLA干渉計を用いて、水星から反射してくるレーダー波をとらえ、詳細な地図がつくられたのだが、その結果、水星の北極地方にレーダー反射が異常に高い領域が見つかった。それは火星や木星のガリレオ衛星で知られていた「氷」による電波の後方散乱現象に酷似していたのだ。ところが惑星探査機マリナー10号やメッセンジャーの写真からは、その領域に氷らしい存在の証拠は見られない。実はレーダー観測で見ているのは地表面ではない。波長が長いために表面から十数メートル地下の影響も現れる。さらに、水星の極地方には多くのクレーターがある。つまり太陽光が届かない極のクレーターの底部の地下に氷が存在し、それがレーダー波の反射率に影響しているのではないか、と考えられるのである。太陽系では太陽に近いほど熱いという常識は水星の場合にはあてはまらない。確かに太陽の面を向いている場所は摂氏数百度の高温に熱せられるが、夜側では逆に摂氏マイナス100度より冷え込む。したがって、水星の極地方で永久影になるような地形があったら、当然地下氷はそのまま存在できるはずだ。この水星地下氷説は、まだ検証段階だが、もし本当ならこの極冠をつくった水は、まちがいなく彗星の衝突で供給されたものといえる。彗星は大量の水を供給できる唯一の天体だからである。最近では月の極地方にも地下氷が存在すると考えられている。

さらに1994年にシューメーカー・レビー第9彗星が衝突した木星でも、直接的な衝突現象（衝突発光）が最近ではアマチュアの観測によって、毎年のように見られている。これらのほとんどはかなり小さな天体なのだが、一定の頻度で大きな彗星の衝突はあるはずだ。

他にも有力な証拠として、木星のガス成分からも衝突の影響が示唆されている。木星は基本的には原始太陽系星雲からできたガス成分をそのまま保っているはずであるが、水素、ヘリウムなどに比べて、炭素、酸素、窒素などの量が4倍から7倍にも増えているのである。これはいままでにかなり多くの彗星が衝突したため、彗星特有のこういった重い元素が増えてしまっているからだ、といわれている。もう一つ、彗星の衝突による終焉を示唆させるのが、固体衛星表面の「クレーターチェーン」である。ボィジャー1号などが撮影した木星の衛星カリストの表面に非常に不思議な模様が見つかった。ほぼ同じ様な大きさのクレーターが一直線に並んでいるものだ。ガニメデにも同様の地形は見いだされているが、その発見以来、その成因が明らかではなかった。地質学的な活動でこのような小規模火山列ができる可能性も検討されていたが、それにしては他の状況証拠があまりに少なく、長い間の謎だったわけである。しかし、惑星へ衝突する彗星があるなら、衛星に衝突する彗星があってもいいはずである。木星のように重力の大きな惑星のまわりなら、その頻度は多いはずだ。しかも、シューメーカー・レビー第9彗星のように木星の強い重力によってたくさんの破片に分裂して、それらが一挙に衛星に衝突したとしたら、このようなクレーターチェーンをつくるのではないか。シューメーカー・レビー第9彗星の発見後、このような考えに気づいた天文学者がいた。アメリカ・アリゾナ大学月惑星研究所のメロッシュとシェンクである。彼らはこのクレーターチェーン＝分裂彗星衝突説をいち早く１９９３年にイギリスの科学雑誌ネイチャーに発表した。

このように彗星は惑星や太陽に近づきすぎると、その潮汐力で分裂することが多い。それでなくても彗星は分裂しやすい、きわめて脆い天体である。少しだけ潮汐力について触れておこう。潮汐力とは地球の海の潮の満干を引き起こす力でもある。地球の場合には太陽と月とによって潮汐が起こっているが、ここでは単純にするために月だけを考え、地球と月が止まっているとしよう。月は地球に重力を及ぼしているが、この重力というのはお互いの距離の2乗に反比例して弱くなる。ニュートンの万有引力の法則である。地球は有限の大きさを持っている。赤道部の半径が約６４００キロメートルゆえ、地球上で月に近い点と月からもっとも遠い点とでは、月までの距離が１２８００キロメートルも違っている。地球中心点からの月までの平均距離は約38万4千キロメートルだから、両地点では月までの距離が3％もの差がある。月からの重力はその2乗だから、月からの引力が6％も違ってくるわけだ。一方、地球上に存在している物質はすべて地球の強い引力によって地球表面に縛られている。したがって、地球上の物質が感じるのは、地球そのものが感じる力との「差」になる。つまり月に近い地点が月から受ける引力は遠い地点よりも大きいから、その差の分だけ月側に引っ張られる。そして海面が持ち上がり、満潮になるわけである。遠い地点でも同様で、ここで受ける月の引力は地球中心が月に引っ張られるよりも弱い。したがって、その力の差は月とはまったく正反対の方向へ働く。ここでも地球に対しては海が持ち上がる満潮が起きるわけである。海が取り残される、といってもいいかもしれない。一見矛盾しているように見えるが、これが潮汐力の魔術である。さて、この潮汐力は海だけに働いているものではない。地球の固体部分である陸も潮汐力によって20センチメートルも上下している。ただ、人間がそれを感じないだけである。

ところで、この潮汐力を引き起こす重力をどんどん強くしたらどうなるかを考えてみよう。天体の形は潮汐力のかかる方向へどんどん伸びていく。その歪みはみるみる大きくなっていき、潮汐力が天体の強度を超えてしまうと、ついに耐えきれずに破壊してしまうのである。これが潮汐破壊とよばれている現象である。潮汐力は距離の3乗で強くなるから、潮汐を起こす天体の重力が大きければ大きいほど、またその天体に近づけば近づくほど大きくなる。シューメーカー・レビー第9彗星も木星という太陽系でもっとも大きな惑星にぎりぎりまで近づいたため、20以上もの破片に分裂したわけである。

ところで、実際に天体にどれほど近づくと破壊が起きるのか、という問題になると物質の密度や強度を考えなければならないので簡単ではない。この潮汐破壊を理論的に研究したフランスの天文学者ロッシュは、破壊される天体が潮汐力を及ぼす惑星と同じ密度であると仮定すると、その惑星の半径の約2.5倍まで近づくと破壊の可能性があることを見いだした。これはロッシュの潮汐半径あるいはロッシュの限界と呼ばれている。さらに1・26倍まで近づくと天体の表面に重力だけで束縛されている軽い岩や塵などは潮汐力で天体から浮き上がってしまう。シューメーカー・レビー第9彗星はこのロッシュ半径の充分内側を通ったのだ。おそらくそういった彗星が分裂した直後に衛星にぶつかれば、クレーターチェーンができあがるわけである。

さて、うまく惑星との衝突を避けて、星間空間にも放り出されずに彗星として太陽を周回し続けるケースの場合はどうなるだろうか。こちらが実はいまだに明確になっていない彗星の終焉である。もちろん、揮発性物質を多く含んでいるのが彗星の特徴であるからして、太陽の光を浴び続け、彗星の揮発性物質はいつかは枯渇してなくなってしまい、息絶えることになるだろう。なにしろ氷の塊だからどんどん蒸発して46億年の旅の長さに比べれば、まさにあっというまに物理的な寿命を迎えるのだ。では、枯渇すると彗星はどうなるのだろうか。ここが実はまだよくわかっていない。

枯渇した末に分裂を繰り返し、粉々になる彗星の例を我々は確かに観察している。雲散霧消してしまうのは、この種の運命を辿った彗星の末路の一つであることは確かだ。そのような終わり方を我々に見せてくれた彗星の最初の例がビエラ彗星（3D/Biela）であろう。1772年に発見された、この彗星はそれ以降4回ほど順調に帰ってきた。ところが、5回目の1845年には大小二つの核に分裂していた。別に木星に近づいたわけでもないのだ。そして6回目のとき、1852年の回帰では二つの核は並んで帰ってきた。しかし、それが最後だった。予定された7回目の出現にあたる1859年にはビエラ彗星は帰ってこなかったのである。そして、この彗星は溶けて粉々になってしまったのではないか、と噂された。実際、それ以降今日に至るまでこの彗星はまったく観測されていない。そして、その噂を裏付ける様な出来事が起こった。1872年11月27日、1時間に数千個という雨のような流れ星が地球に降り注いだのである。アンドロメ

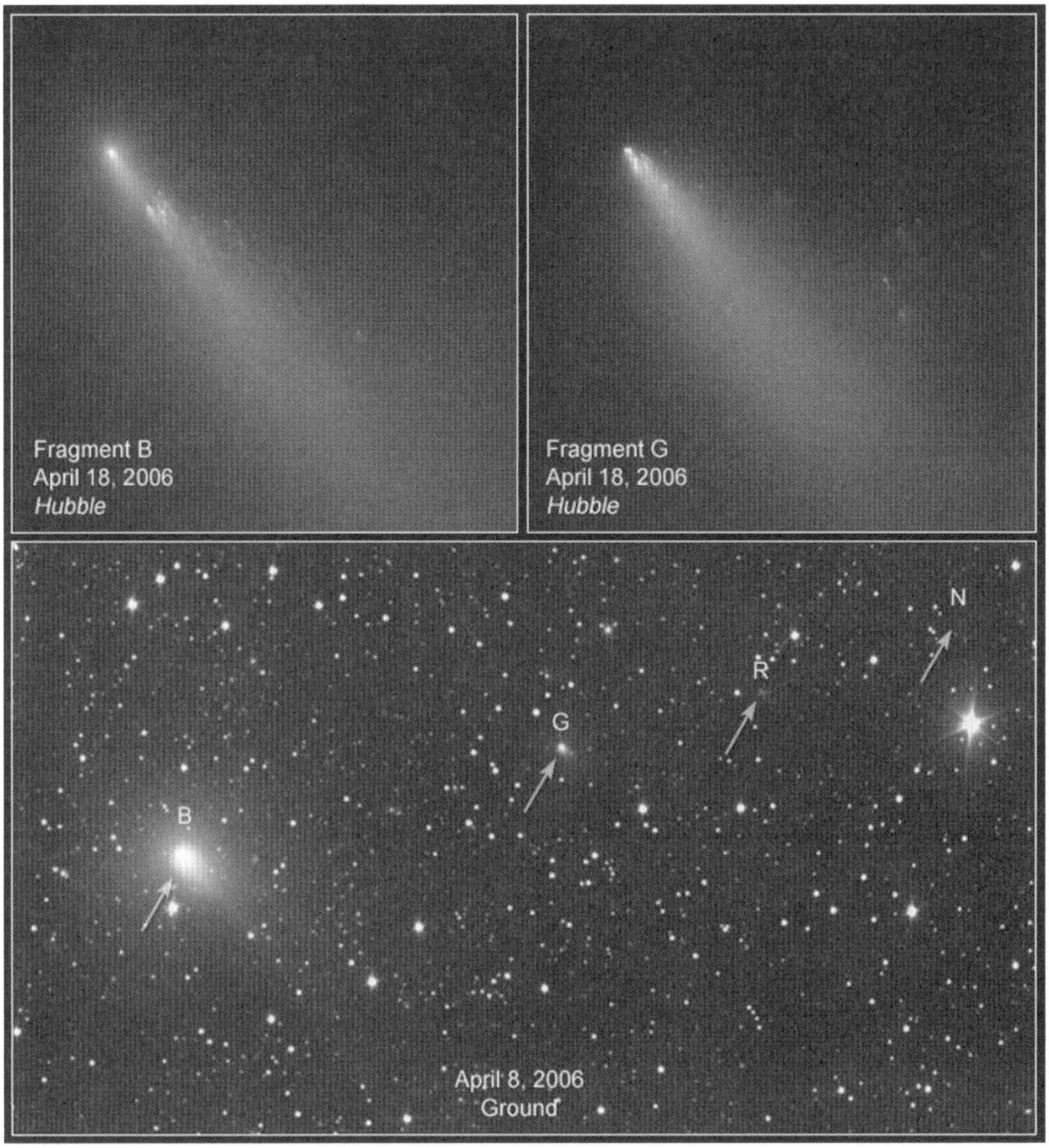

図 3-9：ハッブル宇宙望遠鏡により撮影されたシュバスマン・バハマン第 3 彗星の核の崩壊の様子。
（提供：NASA,ESA,STScI,and D.Jewitt（UCLA））

ダ座流星群の大出現である。そして、大出現は1885年、1892年にも引き続いて起こった。

流れ星というのは彗星から放出された砂粒が地球に降り注いで起きるものである。そして、このアンドロメダ座流星群は、あの消えてしまったビエラ彗星がまき散らした塵粒であることは間違いない。この流星群が突然、こんなにたくさんの流れ星を降らせたことは、ビエラ彗星が分裂後に完全にバラバラになって雲散霧消し、その亡骸である砂粒が一挙に地球に降り注いだ、と考えるとつじつまが合うのである。現在、国際天文学連合では、このビエラ彗星は、完全に消滅した彗星としてD/という符号がつけられている。同様の過程を経つつあるのが、シュバスマン・バハマン第3彗星である。もともと1930年に発見されたものの、長らく行方不明だったのが、1979年8月に検出されたのだが、1995年の回帰でバーストして、彗星核の分裂がはじまったのである。当初は4個に分裂したが、次の2001年の回帰のときには、そのうちの二つは消失したものの、2006年の回帰では分裂が進み、無数の小さな核が発見されたのだ。このとき、すばる望遠鏡でもB核の周囲の撮像観測が行われ、布施哲治らは、54個の破片を検出した。地球に近づいたため、崩れゆく彗星の様子を間近に観測できた貴重な機会となった。詳しくは述べないが、1995年の分裂は、2022年に地球にヘルクレス座τ流星群を降らせる原因になった。

その後、流星群の大出現こそ伴わないが、多くの彗星で分裂、崩壊している例が観察されている。彗星というのは、ふわふわの雪だるまのようだ。ビエラ彗星の例のように粉々になってまったく消えてしまうもの以外にも、太陽に近づいて急激に太陽熱を受けたせいで粉々になったり、シューメーカー・レビー第9彗星のように木星などに近づいて、その潮汐力で分裂したりしたものが観測されている。そのせいで大彗星になるケースもある。有名なものの一つは、1976年に出現したウエスト彗星である。この彗星も数万天文単位の彼方から、おそらく初めて太陽に近づいてきたオールトの雲彗星で、当初はそれほど明るくならないと予想されていた。しかし、1976年2月25日に近日点を通過し、その後予想を超える明るさになって東の空に現れた。今世紀ではもっとも美しい彗星の一つといわれ、その扇型に開いた塵の尾は、まさにほうき星の名にふさわしいものだった。ところが、近日点通過後の観測から核が四つに分裂しているのが発見された。太陽の熱を急激に受けた核が耐えきれずに分裂して、それにともなう多量の塵やガスが放出されたために明るくなったと思われている。

先に紹介した太陽をかすめる彗星群、クロイツ群もその好例だろう。その軌道はオールトの雲彗星に近く、放物線よりもほんのわずかに小さな楕円である。かつて一つの大きな彗星が太陽に近づいたときに分裂して、その破片がふたたび現在になって帰ってきているのだと思われている。1965年に出現した池谷・関彗星もこの彗星の一群だが、この彗星自身も太陽に接近後、二つの核に再分裂している。

大彗星になると世間の期待（だけでなく研究者の期待）を集めた末に、太陽に接近して雲散霧消してしまったのが2013年のアイソン彗星であろう。この彗星は発見当初から研究者を中心に大彗星になると期待されていた。いくつか単行本も出版され（筆者の前著、『巨大彗星―アイソン彗星がやってくる』もその一つ）、NASAやESAでも宇宙望遠鏡のプログラムに彗星観測の時間が割り当てられたほどである。しかし、予想を裏切って、太陽に最接近する直前に核がばらばらに崩壊して、ほぼなくなってしまったのである。いまから考えれば、その予兆らしいものはあった。発見以来、なかなか思い通りには明るくならない時期が続いていたし、太陽に接近する約1ヶ月前の11月中旬になってガスの放出率が2倍になり、24時間で1等級も明るくなった。その後、数日をかけて8等台だったアイソン彗星が5等台へと急上昇したのだ。この上昇率があまりに急だったため、彗星でしばしば起きるアウトバーストだろうと考えられた。アウトバーストは多くの彗星でしばしば起こる。アイソン彗星も、こうして明るさの上下を繰り返しながら、全体として上昇していくのではないかと期待された。いずれにしろ、明るくなるのは良い兆候、いわば吉兆なので、天文ファンは、素直に喜んでいたのである。ところが、アウトバースト時の明るさの上昇があまりに大きいと、心配にもなるものである。実際、こうしたアウトバースト後に核そのものが崩壊してしまう例も少なからずあるからだ。アイソン彗星はガスの多い彗星だったので、11月中旬の段階では塵の尾があまり目立たず、ガスの尾（いわゆるイオンの尾）が目立っていたが、バーストに伴って尾の変化も激しくなった。短時間でのガスの尾の変化、そしてガス放出率の急上昇という現象が、2000年のリニア彗星（C/1999 S4）の崩壊前の振る舞いに酷似していると指摘された。リニア彗星は、やはり肉眼彗星になると期待されたが、近日点通過前後にアウトバーストを起こして、ガス放出率が急上昇。ガスの尾を急激に発達させ、その後、中央集光部が細長くなって暗くなっていった経緯を辿った。当時完成したばかりのヨーロッパ南天天文台（ESO）の口径8メートル望遠鏡VLTが撮影したところ、崩壊した核の破片がばらばらになっている様子が撮影された。その後、破片は完全に消失し、融けきってしまったと思われている。もし、11月中旬のアウトバーストが、その前兆だとすれば凶兆である。そして、まさしくこれは凶兆であった。

我々の観測チームは、このとき京都大学が保有する飛騨天文台にいた。太陽に非常に接近するため、通常の望遠鏡ではなく太陽専用の望遠鏡で観測しようとしていたのである。あいにく天候が悪く、28日までは観測できなかったのだが、太陽観測衛星の視野に入ってきたアイソン彗星は、再びアウトバーストを起こしたように、みるみる明るくなっていく様子を見て、間違いなく近日点は乗り切るだろうと安心しきっていたのである。ところが、やはりアウトバーストは凶兆だった。29日早朝に海外から入ってきた情報は信じられないものばかりだった。太陽に最接近する直前から、アイソン彗星は暗くなり、太陽から離れるときには、ほとんど霞のような細長い筋状の雲となってしまったのだ。いったい何が起こったのか。なぜこれほどの彗星が崩壊してしまったのか。世界中の天文学者が頭を抱えることになったのである。

我々のグループがインターネットの情報を眺めて、ショックを受ける姿はNHKによって撮影されていた。その頃、筆者は趣味で短歌を詠んでいたのだが、その筋状の雲のような姿になったアイソン彗星の残骸を眺めながら、思い浮かんだ歌をツイッターに流すことくらいしか、できなかった。翌日のNHKの午後7時のニュースでは、そのツイッターの画面が出てきて、アナウンサーが私の短歌を詠むという状況に、私は卒倒しそうになったのである。非常にお恥ずかしい限りだが、これも当時の心情を吐露していると思ってお許しいただきたい。

「のぞき込む　画面に光る　筋雲に　思い到らぬ　未知の振る舞い」

なったのである。

おそらく、世界中の彗星研究者にとって、まだまだ彗星は謎に満ちていることを実感した日と

いずれにしろ、彗星というのはよく分裂し、その上に雲散霧消するものがあることは確実だ。しかし、すべてが最後は分裂・四散を繰り返してなくなってしまうのか、というと、そこはまだわかっていない。彗星の中には氷だけ蒸発して、その後に岩のようなものを残すものがあるのではないだろうか。実はよくわかっていないのである。最近の彗星への直接探査では、その表面は相当に荒々しい岩屑が集積していて、とてもすぐに雲散霧消するとは思えない。このような彗星核では、揮発性成分を蒸発させてしまっても、亡骸を残すのではないだろうか。そして、その亡骸はごく暗い小惑星のような天体として観測されるに違いない。それも普通の小惑星のように火星と木星の間ではなく、彗星のような歪んだ楕円軌道を持っているはずである。

そういう小惑星は実際に存在する。アポロ・アモール型小惑星と呼ばれる一群の小惑星は、地球に近づく軌道を持っているが、その中には彗星のような軌道を持つものもある。もちろん彗星のようにガスを出していないが、いかにも彗星のような軌道を持っているのである。しかも、その中には彗星の特徴である流星群を伴っているものさえある。小惑星として3200番の番号が与えられたフェートンである。三大流星群の一つ、毎年12月中旬に出現するふたご座流星群の軌道にぴたりと一致するのだ。このフェートンの軌道周期はわずか1・6年である。短周期彗星でもっとも短い周期を持つエンケ彗星の半分ほどの周期になる。したがって、これまで太陽に何度も熱せられ、氷の成分を蒸発し尽くしてしまった彗星の亡骸なのではないかとも考えられる。

しかし、一方ではフェートンは実はれっきとした小惑星だという研究もある。流星群があるのはフェートンに他の小惑星が衝突してできたと考えれば不思議ではない、というのである。日本の探査のターゲット天体として、フェートンの観測も急速に進み、最近では、近日点付近で彗星活動をしている兆候さえ見られている。もっとも小惑星でさえ、これだけ太陽に近づけば、なんらかの物質放出活動をするといわれているので、これだけでフェートンが彗星の亡骸であるということにはならない。いずれにしても、まだまだ彗星の旅の終わりは解明されたとはいえない。しかし、これを調べることはたいへん大切である。というのも、彗星の核の中身がどうなっているか、を有力な知る手がかりになるからだ。

彗星核は汚れた雪だるまであることは前にも述べたが、実はその密度がどうなのか、中の構造がどうなっているのかほとんどわかっていない。密度に至っては、ふわふわの粉雪程度である（1立方センチメートル当たり0・1グラム、これはかき氷の密度より小さい！）という説から、かなり軽い岩に近い（1立方センチメートル当たり2・0グラム）という説まであって、いまだに議論が続いている。

密度が決まらない限り、内部構造の議論ができるわけがない。彗星核には中央部に岩石質のコアがあり、この部分が最後に亡骸になる、というもの、いや割合に一様な氷と塵が固まったものだ、というもの、氷も塵も粒の大きさが千差万別になっているというものまで、中身のモデルにいたっては種々の説があるのである。

3.8 彗星から小惑星へ？ ―遷移天体を探る―

もし、彗星の中でも揮発成分を枯渇させて残骸が残されるものがあるとすれば、その途中の天体が必ずあるはずだ。3.4で紹介したように、太陽系外縁天体であるエッジワース・カイパーベルトから太陽系内部へ軌道進化する途中の天体が、ケンタウルス族であるように、物理的に揮発成分を枯渇させていく途中の天体もあるはずである。こうした仮説に基づいて、彗星から小惑星になりかけていると考えられる天体を遷移天体と呼ぶようになっている。しかし、この遷移するタイムスケールはかなり長そうである。例えば、いま盛んに彗星活動を示す彗星で、長期に亘って観測されているハレー彗星やエンケ彗星でも、活動が衰退していく明らかな兆候はない。ハレー彗星の場合は核の直径が長軸で15キロメートルもあり、一回の回帰で太陽の熱によって蒸発する水の量から推定しても、その表面の数十メートルほどがなくなるだけの計算になるので、確かに数十回程度の回帰ではびくともしないのだろう。エンケ彗星では長期に亘って明るさが暗くなっているという研究結果もあるのだが、明確ではない。

その一方、遷移にありそうな天体の候補はいくつか知られている。その一つは先に紹介したフェートンである。確実に彗星活動しているわけではないこと、そしてなにより流星群の母親であることが大きな理由である。もう一つの天体が、かつて19世紀に発見され、彗星と認識されながら、その後行方不明になったブランペイン彗星（289P/Blanpain）である。この彗星は、21世紀になって小惑星2003 WY25として再検出された。その後の観測では、それほど彗星活動は示しておらず、小惑星として登録されたわけだが、その軌道が一致し、またこの彗星は幻の流星群とされていた、ほうおう座流星群の母親である可能性が高かったため、一躍注目を浴びた。そして、我々の研究グループがその関係に注目し、研究を進めてきた天体である。そして、これが彗星という母親から生み出される子供たち（流星）を使って、元々の母親の活動を探るという新しい方法に繋がった。流星群の活動を観察することで、その流星を生み出した当時の母親の活動度を探るという手法である。つまり遷移天体候補がどのような時間スケールで彗星活動を衰えさせていったかが、流星観測から、推定できるのである。

ここで、まずはほうおう座流星群について、少し紹介しておこう。話は、いまから半世紀前の1956年12月5日にまで遡る。日本の第一次南極越冬隊は、南極観測船「宗谷」にのってインド洋上を航行していた。隊員の一人である中村純二氏が、夕闇が迫る甲板上で夜天光の観測をしようとしていたところ、やけに流れ星が多いことに気づく。そうこうしているうちに、流星の数はみるみる多くなり、予想だにしなかった突発流星雨の大出現となった。最大時には一時間に300〜500個というレベルだったらしい。その後、その放射点（流星が四方八方に飛び出すように見える天球上での点）の位置を、ほうおう座と見積もったことから、「ほうおう座流星群」と命名されることになった。再び大出現するかもと世界中の研究者が期待してたのだが、残念ながら1957年以降はまったく出現しないまま、何十年と過ぎていったのである。また、当初、この流星群の母親であるとされたブランペイン彗星も1819年に一度だけ姿を見せたきり、行方不明になってしまっていた。どちらの意味でも〝幻〟の流星群となった。この流星群は国立天文台が編集する『理科年表』では1992年版までは「ほうおうβ」と記されてきたが、あまりにも出現がなかったため、1993年からはリストから外されてしまった。

　それから、半世紀になろうという2005年、2003 WY25という小惑星の軌道がブランペイン彗星と同定されたらしい、というニュースが飛び込んできた。軌道がリンク（当時の軌道とつなげること）できれば、軌道の精度が上がり、その軌道を元にダストトレイル理論（後述）を適用することで、1956年の大出現の理由や、その後、この流星群が幻になった理由がわかるかもしれないと思い至った。

　実際、1812年から2003年までの約200年のスパンで軌道を正確につなぎ、この軌道を元に、彗星が太陽に近づく度に流星になる砂粒が放出されると仮定して、その群れを計算してみると、南極観測船「宗谷」で目撃された1956年は、まさに大出現の条件が揃っていることがわかった。18世紀から19世紀、つまりまだ彗星が活発な時期に放出されたダストトレイルが何本も集中して地球軌道を横切っていたのである。さらに計算を進めると、他の年には、地球にダストトレイルがほとんど交差しないこともわかった。つまり出現しなくて当然だったのだ。ほうおう座流星群が幻となった理由も解明されたのである。

　それと同時に、驚くべき観測結果ももたらされた。小惑星2003 WY25をよくよく調べると、希薄ながらコマを纏っているというのだ。もし、これが本当ならブランペイン彗星はまだ彗星としてかすかに生きているということになる。1819年には立派な彗星であったはずだから、この200年間に次第に枯渇し、活動度を低下させてきたのだろう。そうだとすれば、各接近年のダストトレイルの濃さ、つまりダストトレイルが地球に交差したときに出現する流星数を調べることで、その当時の彗星の活動度を推定することができる。

実は、ダストトレイル理論は、過去の計算だけでなく、未来についての予測も可能だ。そこで近い将来に地球がダストトレイルに近づくかどうかを計算すると、特に2014年の条件がよいことがわかった。しかも、そこで地球が遭遇するダストトレイルは、20世紀前半に彗星から放出されたものである。つまり、20世紀前半の彗星活動がほうおう座流星群の活動度からわかるチャンスなのである。我々のグループでは世界中の流星研究者に注意を促しつつ、独自の観測計画を立てた。出現のピーク時刻は12月2日午前8時から10時（日本時）と、日本では昼間だった。そこで、私たちグループは観察可能なスペイン・カナリー諸島とアメリカ東海岸とに遠征することとし、アマチュア天文家の協力も得て、観測隊が組織された。そして、1956年に宗谷の上で観測された中村氏もご夫妻揃ってラパルマ組に同行することとなり、この一部始終をNHKのコズミックフロント番組取材班が密着することとなった（この番組は「復活！幻の流星群」として放映された）。そして私たちは、確かにほうおう座流星群の姿を目撃した。大出現とはならなかったが、これも19世紀には彗星活動がかなり10分の1以下にまで低下したことを示唆している。まさにブランペイン彗星は枯渇しつつある遷移天体の代表なのである。現在、この天体は日本での次期探査のターゲット候補の一つに挙げられ、検討が進んでいるところである。日本は、まずフェートンへの探査を行う予定であり、遷移天体の姿を明らかになる日は近い。

ダストトレイル理論とは

彗星が近日点付近で流星の元となる砂粒を放出すると仮定し、その砂粒の群れを計算で追いかける理論。惑星摂動や非重力効果（彗星核そのものから放出されるガスによる反作用が蓄積し、軌道が変化する効果）などにより、彗星の軌道は近日点通過のたびに微妙に異なる。そのため、近日点通過毎に生成される、それぞれの砂粒の群れ（ダストトレイル）の軌道も微妙に異なることになり、地球軌道への位置関係が大きく異なってしまう結果となる。アイルランドの天文学者であるディビッド・アッシャーが、この理論を再構築し、20世紀末から21世紀にかけてのしし座流星群に応用し、成功を収めて以来、流星研究の基本となっている。

第4章

彗星の形の不思議

4.1 彗星の形の基本

　さて、彗星についての基礎知識を理解してもらったところで、いよいよ彗星のさまざまな形に迫っていこう。すでに先（第2章）でも紹介したように、彗星の基本的な成分と、そこに起因する「基本的な」形については説明した通りだが、改めて振り返っておきたい。

　いずれの軌道のタイプの彗星であっても、そのほとんどの軌道はかなり歪んでいて、太陽に近づく時と、太陽から遠く離れているときとがある。近日点距離と遠日点距離が大きく異なることが多い。そして、遠日点付近では太陽から遠いために、その影響を受けにくく、それほど活動しない。すなわち低温のため、揮発性物質が融けずに、氷のまま静かに過ごすことになる。遠日点滞在時間も近日点付近に比べれば長い。これこそケプラーが見いだした惑星の運動法則の一つ、面積速度一定の法則である。したがって、彗星はその生涯のほとんどを遠日点付近で過ごす。遠日点が遠ければ遠いほど、例えばオールトの雲彗星の場合などは、ほとんど無限大に近い時間を遠日点で過ごすことになる。その一方、近日点に近づくと、（それが太陽に充分に近いときだけだが）揮発性物質が一挙に融け出し、太陽熱を浴びて活発な彗星活動を示す。彗星が華麗な姿を現すのは、太陽に近づいた時なのである。

　太陽は、その強大な重力で太陽系を支配しているだけではない。その莫大なエネルギーで、太陽系の温度環境をも決めている。いわば太陽系のストーブといってもいい。そのエネルギーの源は、太陽内部で起こっている核融合反応と呼ばれるものである。詳しくは述べないが、そのエネルギーが最終的には光やさまざまな電磁波となって、太陽の表面から宇宙に放たれている。幸い、このエネルギー放射はきわめて安定している。太陽からの放射を受け取る量は、太陽に近ければ近いほど多くなるから、太陽に近いほど熱く、遠ければ寒くなる。太陽に最も近い惑星、水星の昼側の表面温度は摂氏400度にもなる一方、海王星付近ではマイナス220度と極低温である。余計なことを言えば、ちょうど地球は、太陽からほどよい距離にあり、その表面で水が液体になる温度となっているわけだ。こういった領域を生命が存在可能な領域と考え、ハビタブル・ゾーンと呼んでいる。

さて、近づいてきた彗星を考えてみよう。細長い楕円軌道をめぐって、遠くから太陽に近づけば、どんどん暖められていくことになる。こうして、遠方では何事も起きなかった彗星が、太陽に近づくことで華麗に変身するのである。彗星本体である核の成分に、揮発性物質が含まれているせいである。先に紹介したように、彗星の正体は宇宙空間を旅する巨大な雪の塊、あるいは凍った泥玉だ。水の氷、そしてわずかに含まれる二酸化炭素や一酸化炭素の氷などが融け出す。水が融けると地上では液体の水になるが、宇宙の場合にはまわりが真空なので、すぐに気体となって蒸発してしまう。いわゆる昇華である。これが彗星から吹き出すガスの正体である。このガスに引きずられるように、氷に含まれる細かな埃や砂粒、塵も一緒に宇宙空間に吐き出されるわけだ。

彗星から飛び出したガスの一部は、本体の核のまわりにぼやっとした薄い大気をつくる。これが彗星のぼやっと見える丸い頭部、中性ガスからなる「コマ」である。コマはおもに電気を帯びない中性ガス、炭素原子が二つくっついたものや、窒素と炭素がくっついたシアンガスである。目に見えない紫外線では水が分解した水素がコマをつくっており、大きな彗星の場合には太陽よりも大きなコマになる。常に拡散して宇宙に逃げ出していくので、核から供給される量によってコマの大きさや見え方が違ってくる。同じ彗星でも太陽に近づくにつれてコマは濃くなっていく。しかし、このコマの大きさを決めるのは供給量だけではない。核から離れてゆく間に太陽光に照らされて分解していくために、その大きさにも限度があり、あまりにも太陽に近いと逆に小さくなることもある。

一方、ガスの中には、瞬く間に電気を帯びて、イオンになってしまうものがある。いったんイオンになってしまうと、電気的な力が強く働く。太陽からは電気的な力を及ぼす風、太陽風が流れており、このために彗星から放出されたイオン化したガスは引きずられる。太陽風の流れは地球付近でも毎秒数百キロメートルと速いため、彗星から出たイオンはどんどん吹き流され、太陽と反対側にすーっと伸びた細い尾をつくる。これが「イオンの尾（別名プラズマの尾）」であることは前にも述べた。可視光で光って見えるのはおもに一酸化炭素や水分子のイオンで、一酸化炭素イオンのせいでイオンの尾は青白く見えることが多い。同じ彗星でも太陽に近づけば近づくほど一般にはイオンになる一酸化炭素ガスの量の供給も増えていくために、このイオンの尾もどんどん濃くなり、長く伸びていくことになる。

ところで、稀に大きな彗星だと、なかなかイオン化しない種類のガスも太陽の光の圧力を受けて、反太陽方向に流され、それが見える場合がある。特にナトリウム原子の尾は、１９９７年のヘール・ボップ彗星で発見されてから、いくつかの彗星で観測され、２０１３年春のパンスターズ彗星でも検出されている（図4-1）。これを「ナトリウムの尾」と呼ぶが、原理的にはナトリウム以外の原子でもありうるので、「中性原子の尾」と呼ぶ方が良いだろう。中性ガスのコマと異なり、太陽光の影響を受けやすい中性ガスの極端な例と言える。ただ、いくらナトリウムの発光効率が良いといっても、これまで肉眼で観察できたことはない。

こういったガスと共に、彗星を飛び出す砂粒や塵、埃も大量にある。地球の砂のようにケイ酸

図 4-1：パンスターズ彗星（C/2011 L4）で検出されたナトリウムの尾。近日点通過後の 2013 年 3 月 15 日の画像。上はナトリウムのナローバンドフィルターで撮影した画像。下は同じ画像から連続光成分を差し引いたナトリウム輝線のみの画像。（提供：国立天文台）

塩鉱物もあるが、炭素、酸素、窒素に水素が化合したような炭素系の塵も含まれている。これに砂粒のような塵（ダスト）が混ざっている。岩塊のような大きなものは、彗星本体の重力に逆らって飛び出すことはないものの、小さな砂粒や塵はガスと一緒に飛び出してくる。このような固体物質は太陽の光の圧力（放射圧）を受けて、やはり反太陽方向へたなびく。比較的サイズの小さな塵は供給量が多い場合は、頭部のエンベロープと呼ばれる円錐形のコーン構造をつくることもある。いずれにしろ放出された塵によって「塵の尾（別名ダストの尾）」ができる。放出量が多ければ多いほど、この塵の尾はどんどん濃くなり、太陽光を反射して輝く。ところで、いくら埃のように小さいとはいっても塵は固体ゆえ、太陽光の圧力によって流されるスピードはイオンに比べてゆっくりである。また、塵のサイズによって流され方が異なるので塵の尾は細くはならず、かなりの幅を持った尾をつくることになる。なお、この塵の尾は彗星の軌道平面に広がり、軌道平面の上下には広がらない。広げる力は重力と太陽光圧なので、どちらも軌道平面にのみ効くからである。

いずれにしろ、基本的な彗星の形状、コマ（頭部）、イオンの尾、塵の尾のそれぞれの特徴を覚えておくと、実際に観察するときにも役に立つだろう。ただ、彗星は皆同じような形状をしているかというと、決してそうではない。多種多様な形状が昔から観察されてきた。例えば古代中国では、天空の現象は天からの一種のメッセージと考えられ、それを読み解き、皇帝が政治を行うという考え方があり、そのために常に星空を監視する役人が置かれていた時代もある。中でも彗星は、その特異性から、出現の記録は相当古くから残されている。そして、「晋書天文志」の第十二巻には、「妖星」として、見える方向、色、形などから21種類もの名前と意味が書かれて

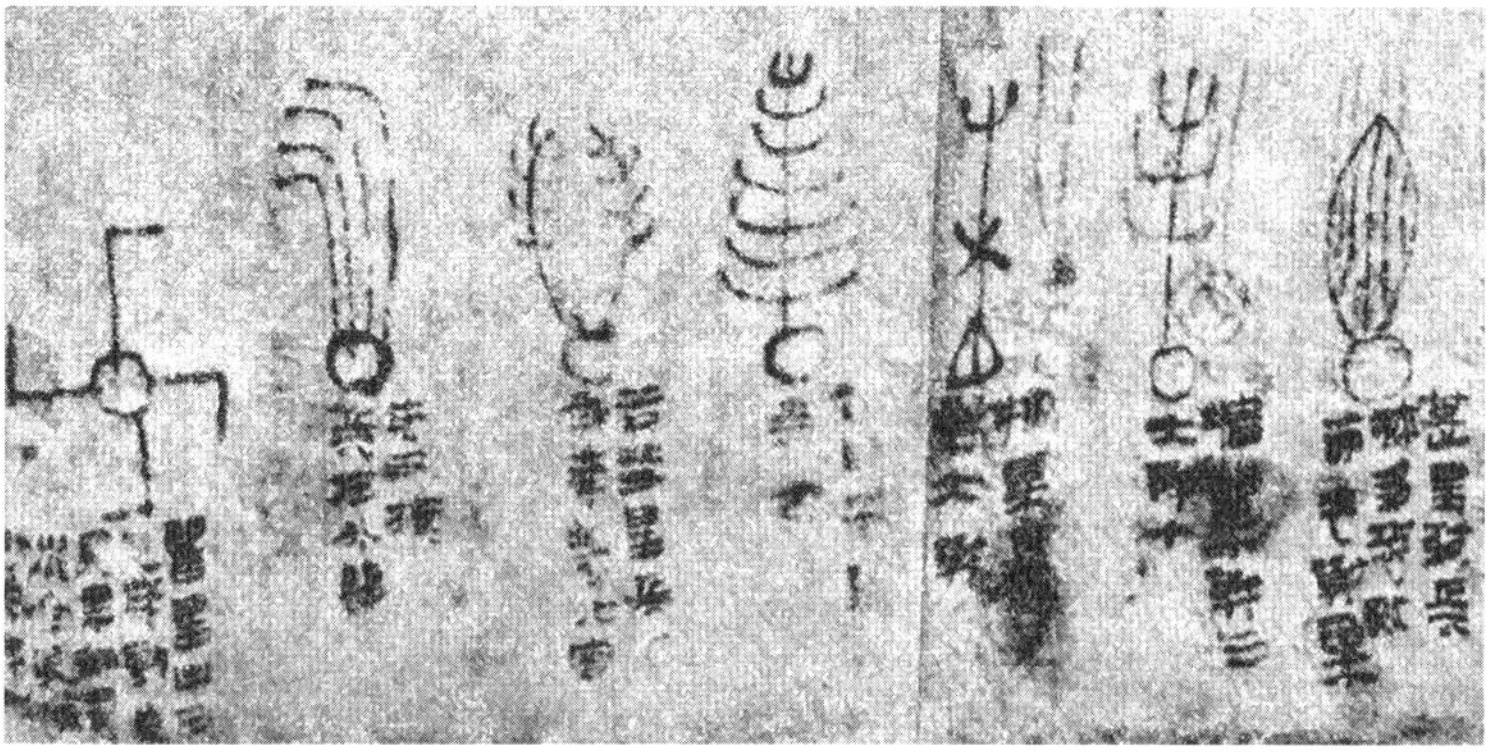

図 4-2：馬王堆から出土した古代中国の彗星のスケッチ。細かく分類されている様子がわかる。
（出典：China Arts, Volume 1st, Wen Wu PuBlishing, Beijing, China, 1979-10）

いる。ほとんどが凶兆としての意味合いを持っており、その第一分類が彗星で

「一曰彗星，所謂掃星。本類星，末類彗，小者數寸，長或竟天。見則兵起，大水。主掃除，除舊佈新。」

つまり、彗星はいわゆるほうき星で、本体は星に似て、小さいものは数寸、長いものは天の端まで達する。これが見えれば兵が起ち（兵乱が起こり）、洪水が起こる。おもに、古いものを取り除き、新しいものと置き換える、という。戦争や天災、そして権力の交代を示唆しているのである。二番目には、あまり尾の見えない彗星を「孛星」としており、悪気の生じるところで大きな戦争があるとされ、続いて三番目は「天棓」、四番目は「天槍」、「天欃」、「蚩尤旗」、「天沖」、「國皇」、「昭明」、「司危」、「天讒」、「五殘」、「六賊」、「獄漢」、「旬始」、「天鋒」、「燭星」、「蓬星」、「長庚」、「四填」、「地維藏光」と続く。すべて何か悪いことが起こる凶兆であった。

いずれにしろ、これだけ分類されてきたということは、それだけ真剣に彗星の形状を観察してきたことに他ならない。逆にいえば、こうした彗星の多種多様な見え方は、彗星の本来の多様性だけでなく、出現時の位置関係や条件に大きく依存しているのである。その最も大きな彗星の形を決める要素が、彗星核の大きさである。

4.2 彗星の形を決める要素1 ―核の大きさ―

彗星を彗星たりうる形とする大きな要素が、本体である彗星核の大きさ（正確にいえば揮発性成分の含有量）である。わかりやすく説明してみたい。二つの大きさの彗星核があるとして、どちらにも同じ比率で氷が含まれているとしよう。彗星核Ａが直径１キロメートル、もう一方の彗星核Ｂが直径10キロメートルの球形だとする（実際には彗星核には様々な形があり、球とは限らないのだが）。すると太陽から受ける熱量は、断面積に比例するので、ＡはＢよりも直径で10倍異なるため、断面積では１００倍の差となる。つまり太陽から受ける熱量は単純に計算すれば１００倍の差があるわけだ。ここで、両者の氷の比率は同じなので、単位面積あたり同じ量の太陽熱を受ければ、同じ量の氷の昇華があると考えられるので、太陽から同じ距離にあれば、ＢはＡの１００倍の氷を昇華させていくことになる。単位時間あたりの昇華量が１００倍違えば、それに伴って放出される形をつくる成分（コマをつくるガス成分や尾となる塵やガスの成分）も１００倍の差があるだろう。単純に考えれば、１００倍の物質量の差があるということは、BはAよりも100倍明るく見えることに他ならない。つまり、等級差でいえば5等級ほど明るいことになる。

実際、大きな彗星核を持つ彗星は少なく、小さなものほど多い。実は、彗星は1年に10個から、多い場合には数十個もやってくる。意外と思われる方もいるかもしれないが、毎年のように、案外とたくさんやってきているものなのだ。ただ、ほとんどが小さい彗星であるため、天体望遠鏡を使わないと観測することができない。こうした小さな彗星はガスや塵を吹き出す量も少ないため、望遠鏡で撮影しても、なかなか尾が見えないことが多い。実際に見えるのは頭部のコマだけといったものが大多数なのである。

ところで、こうした大きな彗星核でも揮発性成分が含まれていなければ、どれだけ太陽に近づいても彗星活動は起きない。彗星のような軌道を持つ小惑星がいくつもあり、中には流星群を伴っているものさえ存在する。毎年の12月中旬にたくさんの流星を見せてくれるふたご座流星群の母親は（3200）フェートンという小惑星については、前にも紹介した通りである。この天体は、もともと小惑星なのか、彗星のなれの果てなのか、まだ議論が決着していないのだが、最近では太陽に近づいたときに彗星活動を示していることが知られている。ただ、近日点距離があまりに小さいので、これは通常の揮発性物質の蒸発によるものではない、とも考えられている。もしかすると彗星の揮発成分が枯渇してしまった遷移天体なのではないかとも思われている。ちなみに日本はDESTINY＋という探査機を打ち上げ、このフェートンという小惑星に迫る予定である。

いずれにしろ、尾を伸ばすような大彗星になる条件は、大きな彗星核を持ち、かつ充分な量の揮発性成分を持っていること、といえるだろう。

図 4-3:ぼんやりとしたコマだけを持つ小さな彗星の例。103P/ハートレイ第 2 彗星。2010 年 10 月 12 日に撮影。
(撮影：津村光則)

4.3 彗星の形を決める要素2 ―ガスと塵の比率―

次に、彗星の形、特に尾の見え方を決める要素として、ガスと塵の比率という彗星核の成分の差がある。我々はよくガスダスト比と呼ぶが、不思議なことに、彗星によってガスの量と塵の量の比率に個体差があるのだ（個体差がある理由はよくわかっていない）。

ただ、この比率は絶対的なものではなく、太陽に近づくにつれて変化することも多い。黄道彗星の場合には太陽から遠いときには、ガスだけが目立って、塵の放出が目立たないのだが、太陽に近づくにつれて、塵の放出量が上昇していきがちである。新しく太陽に近づく大型のオールト雲彗星では、逆に非常に遠方で揮発性の高い一酸化炭素や二酸化炭素の蒸発に伴って放出された大量の塵が観測されることがある。その要因となったガスは散逸が速いために観測されず、塵だけが見える状態が続いたりする。明るい彗星では、塵が多い彗星ほどコマの中でもくっきりしたエンベロープが見えたり、幅の広い立派な扇型の尾を見せる。塵が少ないと、細くて直線に伸びるイオンの尾だけが見えて、幅の広い尾は見えないことが多い。過去の大彗星と呼ばれたものは、どちらかというと塵の量は多めだったと考えられる。

また、少しわかりやすく説明してみたい。二つの同じ大きさの彗星核があるとして、どちらも直径1キロメートルとする。彗星核Aのガス・ダスト比は10、彗星核Bは1としてみよう。どちらも太陽からの距離が同じであれば、太陽から受ける熱量は同じゆえ、どちらからもガスは同じように蒸発する。しかし、彗星核AはBよりも塵の量が10分の1になってしまう。同じようなガスの尾が見えたとしても、塵の尾に関しては、AはBの10分の1となる。したがって彗星

図 4-4:2002 年に出現した池谷・張彗星の三色合成画像。塵の放出量がまだ少なく、イオンの尾と頭部の緑のコマが目立つ「オタマジャクシ型」。（提供：東京大学木曽観測所）

Aの塵の尾は薄くなってしまい、迫力がなくなり、ガスだけの尾、プラズマの尾をたなびかせる彗星となる。

このガスダスト比は彗星の観察のしやすさにも影響する。第2章でも紹介したように彗星の頭部は中性ガスのコマの光で、CNやC_2といった分子の多数の輝線で輝いている。おもにC_2のスワンバンドと呼ばれる輝線群が明るく、これらがコマを緑色に輝かせる要因である。また、イオンの尾はCO^+つまり、一酸化炭素ガスの青白い輝線で輝いている。どちらも輝線ゆえに、塵が反射する太陽の連続光に比べると格段に光量が足りない。赤から青まで連続的に光る塵は、その光量の多さだけでなく、大気吸収にも強く圧倒的に見やすいのである。地球の大気はおもに青色を散乱してしまうので、彗星のコマやイオンの尾の青から緑の色は弱まりやすく、連続光で輝く塵の尾は弱まりにくい(夕日の太陽が赤く見えるのと同じ原理である)。そのため、ガスダスト比が小さいほど（つまり、ダスト＝塵が多ければ多いほど）大彗星になる可能性が高い。塵の尾がほとんど見えず、頭部のコマと直線状に伸びたイオンの尾を持つ彗星を、筆者はしばしばオタマジャクシ型彗星と呼んでいる。

なお、塵が際だって多い彗星では独特の形状を示すことがある。それらは地球との位置関係にも依存するので、後述する。

4.4 彗星の形を決める要素3 ―日心距離―

三番目の要素は太陽との距離である。当たり前だが、太陽に近づいて、彗星核が受ける太陽放射、つまり太陽による熱が強烈であればあるほど、一般的にいえば単位時間単位面積あたりに彗星核から飛び出していくガスや塵の量は多くなる。したがって、同じ彗星核の大きさや成分であっても、近日点距離が近ければ近いほど立派な彗星になる可能性が高い。太陽に近づけば、尾を長くたなびかせる大彗星になるわけだ。逆に大きな彗星核であっても、太陽から遠方にある時には受け取る太陽放射量は少なくなり、揮発成分が蒸発しないので、それほど彗星活動を見せない。

あるオールトの雲彗星が太陽に近づいてきたとしよう。日心距離が10天文単位、土星の軌道あたりで受ける太陽放射量は1平方メートルあたり約13・7Wである。しかし、これが地球軌道付近までくると、太陽からの距離は十分の一になる。すると太陽から受ける放射量は10天文単位のときに比べれば100倍に増える。ちなみに1天文単位、つまり地球軌道付近で受け取る太陽からの放射エネルギー量は太陽定数と呼ばれ、1平方メートル当たり約1370Wである。1W（ワット）は1秒間に1J（ジュール）の仕事をする仕事率なので、わかりやすい例でいえば、0・24カロリーである。太陽定数は328カロリーに相当する。水1リットルを1気圧のもとで1度上昇させるのに必要な熱量が1キロカロリーなので、太陽定数は、1リットルの水を0・33度ほど上昇させるエネルギー量である。この値が、土星軌道だと100分の1になるので、同じ条件だと0・0033度の上昇となる。いかに差が大きいかがわかってもらえるだろう。

単純に氷の昇華率が受け取るエネルギーに比例するとすれば（実際にはそんなことはないのだが）、昇華量が100倍違えば、それに伴って放出される形をつくる成分（コマをつくるガス成分や尾となる塵やガスの成分）も100倍の差があり、彗星核から100倍の物質量が放出されることを意味する。また太陽に近いため、塵だけを考えると太陽光を反射するだけなので、太陽に近い分、反射光の量も100倍増えることになり、物質量の100倍とあわせて1万倍の明るさになる。これは、等級差でいえば10等となり、それだけ太陽に近づけば明るくなるということを意味している。

我々の人類史に残る彗星で、もっとも絶対等級（第6章で後述）の明るいものは1729年の彗星（C/1729 P1）のマイナス3等である（ちなみに第2位が1997年に近づいたヘール・ボップ彗星で、マイナス1等であった）。では、このような彗星が大彗星になったかというとそうではない。それは近日点距離が遠く、4天文単位にまでしか近づかなかったせいである。それでも大型の彗星核だったため、肉眼で4等級から5等級の明るさで観測された。おそらく、水の氷によるものではなく、一酸化炭素や二酸化炭素といった揮発性の高い氷の蒸発による彗星活動であったと思われるが、この地球軌道までやってきていたら見事な大彗星になったに違いない。

通常の彗星核では、こうした遠方の日心距離では彗星核そのものがむき出しになっていることが多く、核の表面の特性を調べるには好都合だが、なにせ遠くて暗いので、大型望遠鏡を用いないと観測も難しい。

彗星が太陽に近づいてきて、水の氷が蒸発してくるのは小惑星帯のあたりを過ぎた頃からで、火星軌道に近づく2天文単位を切るあたりから激しくなっていく。こうして彗星核の主成分の氷がどれだけ融けるかで、彗星の活動が決まる。ただ、彗星核によって日心距離依存性が非常に大きく異なることは注意しておきたい。大彗星になるといわれた彗星でも、明るさの上昇率が急激に鈍ったり、逆に太陽に近づくあるいは遠ざかる過程で、予想よりも急激に明るくなったりすることがある。また、太陽に近ければ近いほど大彗星になるか、というと、決してそうとは限らない。あまりに近すぎると、もともと彗星核が小さい場合は揮発成分が枯渇してしまうこともある。2013年のアイソン彗星のように太陽をかすめるほど近づくタイプの彗星の場合は、彗星核そのものがばらばらになって崩壊してしまうことがある。太陽にあまりにも近すぎると、太陽熱が強烈で通常は融けない砂粒や塵も融けてしまい、逆にコマも小さく、尾も短くなってしまうこともある。もっとも、太陽をかすめるような彗星では、近日点付近では一般的に太陽の光に邪魔され、実際には地球から見えなくなってしまい、観察ができないという問題点もある。最近は太陽観測衛星が常時太陽付近を撮影し、インターネット上に画像を公開しているので、そこから多くの彗星が発見されている。その代表がSOHO彗星だが、これらのほとんどはクロイツ群を中心とした、ほぼ同一の軌道を持つ彗星の一群で、もともと大きな彗星核が太陽接近時に分裂した破片が続々と帰ってきていると考えられている。そもそも破片ゆえに一つ一つの核は小さく、太陽に近づくまで地上観測ではとらえられないものがほとんどである。

彗星が太陽との距離を変化させたとき、どのような彗星活動を示すのか。これは彗星の日心距離依存性の問題といわれ、彗星の明るさの予測に直結している。この点は後ほど第6章で詳しく述べたい。

4.5 彗星の形を決める要素4 ─地球との距離─

大彗星になっても、その形状が多種多様な要因の四番目の要素として、彗星と地球との位置関係、特に距離がある。地心距離、つまり地球と彗星との距離である。当然、我々の地球が、主役である彗星から遠くにあれば、みかけの大きさや明るさは貧弱になってしまう。遠くにある街灯がみかけ上は暗く見えるのと同じである。小さな彗星でも、地球との距離が近ければ、それなりの明るく大きな彗星に見えることがある。

また、わかりやすく説明してみよう。二つの大きさが同じ彗星AとBがあるとして、どちらにも同じ比率で氷が含まれているとしよう。どちらも太陽から1天文単位にあるとして、彗星Aは地球から0・1天文単位の距離に、もう一方の彗星Bは地球から1天文単位にあるとしよう。どちらも同じ彗星活動をしていて、同じ量の物質が放出されているとすれば、等距離から見れば同じ明るさに見えるはずである。ところが、彗星Aは彗星Bに比べ10分の1の距離にある。みかけの明るさは距離の2乗に反比例するので、100倍明るくなる。つまり地心距離が10倍異なれば、明るさは100倍異なるため、彗星Aが等級差でいえば5等級ほど明るいことになる。彗星の大きさも10倍異なって見えるはずだ。小さな彗星でも地球に接近するようなケースだと明るく、大きな彗星に見えるわけである。

その代表的な例が1983年に地球に接近したアイラス・荒貴・オルコック彗星（C/1983 H1）である。この彗星は地球に0.0313天文単位まで接近し、歴代の地球接近彗星の中でも第3位の接近距離の記録をつくった。ぼんやりと大きく広がったコマは肉眼で明確にわかるうえに、星の間を猛スピードで動いていく様子もリアルタイムにわかるほどであった。しかし、この彗星はもともと大きな彗星ではなかった。絶対等級は9等級から10等級で、ハレー彗星に比べれば100分の1の明るさである。それでも地球に接近したため、肉眼で見える彗星になったのである。

4.6 彗星の形を決める要素5 ―地球との位置関係―

さらに、地球との位置関係で重要な二つの目の要素は、幾何学的な位置関係である。とりわけ尾の見え方を大きく左右する要因である。まず先に述べた尾のでき方とその種類について復習しておこう。彗星核から放出されたガスで、イオン化しやすいガスでできたイオンの尾（プラズマの尾、ガスの尾）を作り、太陽風に流され、反太陽方向に吹き流される。このとき彗星の軌道運動のスピードが合成されるので、ほんのわずかに反太陽方向からはずれるのだが、そのずれはそれほど大きくはならない。大事なことは、イオンが流されるスピードがどんどん加速されるので、ほぼ直線状を保ちつつ、その彗星の軌道平面からずれないことだ。中性ガスの尾（ナトリウムの尾）はさらにスピードが速いので、ほぼ反太陽方向である。ただ、後に詳しく述べるように、その見え方は別の要因（彗星の太陽との相対運動）で極端に異なる。

　このイオンの尾が、地球と彗星との幾何学的位置関係でどんなふうに見えるかを想像してみよう。ガスの尾が伸びていて、彗星が地球に近く、彗星そのものが大きく見えるときでも、もし彗星がちょうど地球から見て太陽と反対方向にあるようなときにはどうだろうか。ある天体が太陽と反対側に位置することを天文学では「衝」と呼ぶことがあるが、こうした状況だといくらガスの尾が長く伸びても、地球から彗星を眺める視線方向に伸びることになってしまい、みかけ上、彗星の頭部のコマに隠されたり、短く見えたりして、よく見えなくなってしまう。一方、彗星が多少遠くても、その尾の伸びる方向が地球と彗星を結んだ視線と直交するような場合には、尾はみかけ上ぐんと長くなる。１９１０年のハレー彗星の接近では、地球がちょうどイオンの尾の中を通過したため、その前後には夜空の半分にも伸びる雄大な尾が見えた。さらに１９９６年に地球に接近した百武彗星（C/1996 B2）でも、地球接近時に彗星核が地球よりも太陽側にあり、その尾が地球軌道を横切って地球軌道の外側に伸びていたため、地球からの視線方向が彗星の尾とほぼ直交する位置関係となり、なおかつ間近だったため、１００度以上のガスの尾を眺めることができた。まぁ、こんな幸運はめったになく、90度以上のガスの尾が見えた大彗星

図 4-5：百武彗星 C/1996 B2
地球最接近直後の 1996 年 3 月 25 日に、頭部は北斗七星と北極星の間を高速で移動。北斗七星を横切る様子から尾の長大さがわかる。（撮影：津村光則）

は、20世紀では1910年のハレー彗星と1996年の百武彗星の二つだけである。

一方、塵の尾は、様々な粒子サイズの塵が太陽光圧（放射圧）を受けて幅広い尾となる。固体微粒子ゆえ、太陽光をそのまま反射して明るく輝くが、大事なことは塵の尾は基本的に彗星の軌道面上にしか広がらないことである。彗星核もそうだが、彗星の塵の運動を決めているのは、基本的には彗星核の軌道運動（初期値）、太陽からの重力、そして光圧である。どれも塵に対しては、軌道平面成分以外は持ち得ない。もちろん、彗星核から放出されるときに、ごくわずかに軌道平面よりも上下にある程度のスピードで放出されたりするが、それはせいぜいガスが揮発するスピード程度までで、1天文単位付近では、速くても毎秒1キロメートル程度である。これに対して、もともとの彗星核の軌道運動は秒速数十キロメートルであり、光圧も大きいために彗星の塵の尾は、ほぼ軌道平面に沿って薄く広がることになる。特に近日点通過後は、彗星は太陽をぐるりと回り込んで遠ざかっていくので、近づくときとはまったく異なり、塵の尾は大きく扇形に広がることになる。

塵の尾の形状をもう少し詳しく説明しておこう。彗星核から放出された塵は様々なサイズがあると同時に、放出されるタイミングも異なるので、それらの組み合わせで形状を説明するのが、ベッセル・ブレッドキンモデルである。塵は、放出されたときの初期条件（放出時刻）と塵に働く太陽の重力および放射圧によって決まってくる。この重力と放射圧との比率を、しばしばβで表す。重力と光圧は反対向きの力であり、かつそれぞれの大きさは日心距離の2乗に反比例するゆえ、都合の良いことに、この比をとると日心距離の依存性がなくなる。つまり、βの値は塵の

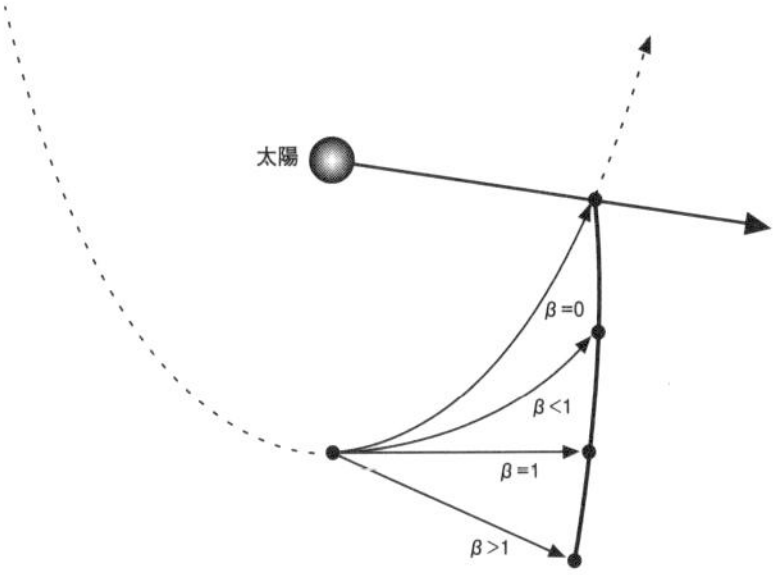

図 4-6：シンクロン曲線。同じ時刻に放出された、いろいろなサイズの塵が並ぶ曲線。

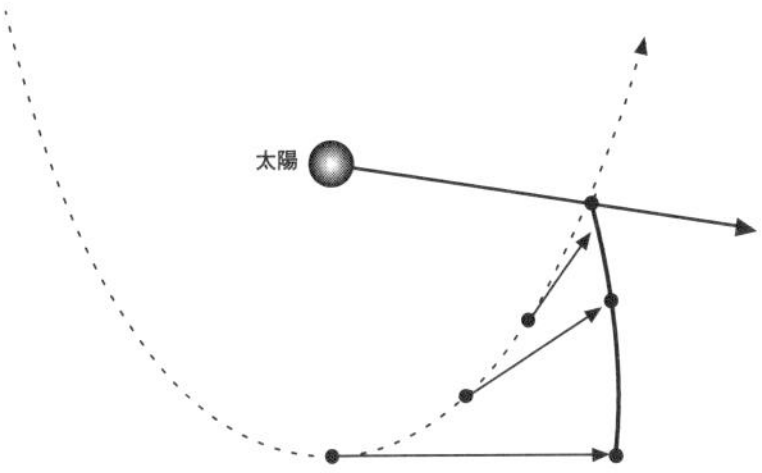

図 4-7：シンダイン曲線。いろいろな時刻で放出された同じサイズの塵が並ぶ曲線。

サイズと種類だけで決まる。核から放出された塵の軌道を追いかけるには、いつ核から放出されたかという放出時刻と、そのダストがどんなβを持つか、という二つのパラメータだけで決まってしまうのである。

様々な時刻に放出された様々なβを持つ塵の位置を計算すると、観測時刻における塵の空間分布、つまり塵の尾の形状を再現できることになる。ここで二次元的な尾の形状を同じ時刻に放出された様々なβの塵の位置を結んだ曲線を「シンクロン曲線」、逆にさまざまな時刻に放出された同じβの値を持つ塵の位置を結んだ曲線を「シンダイン曲線」と呼ぶ。

シンクロンとシンダインを描くと、彗星の塵の尾は、ほぼ再現できる。シンクロン、シンダインは扇形に広がる塵の尾に引かれる二次元の座標のようなものと思えば良いだろう（経度緯度のように直交する座標ではないが）。

さて、ここで大事なことは、塵の尾の広がりは彗星

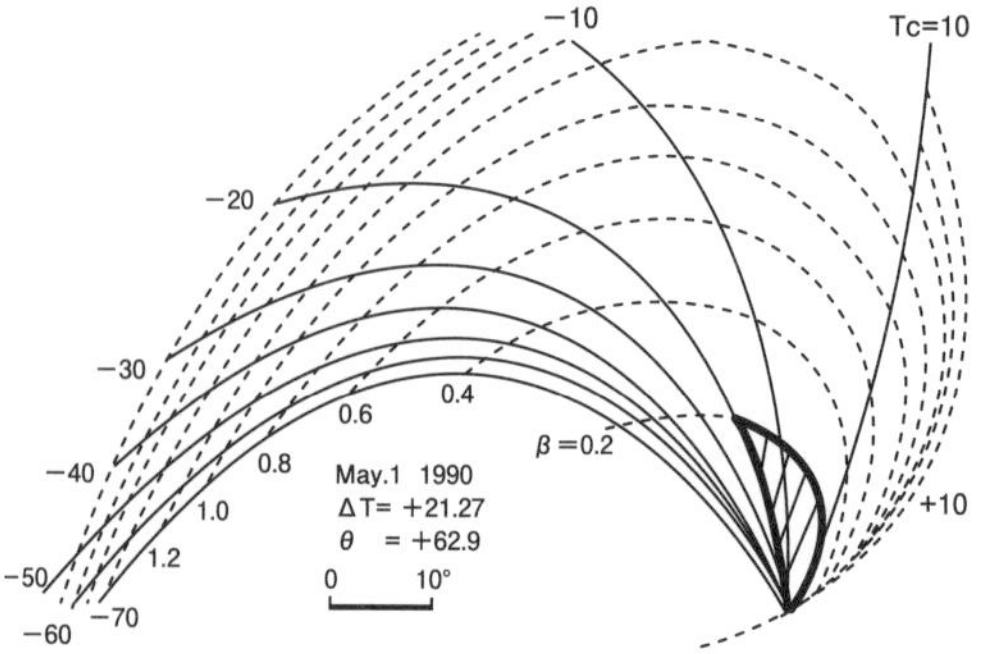

図 4-8：シンクロン・シンダイン曲線を描いた例
オースチン彗星の塵の尾の予想のシンクロン（実線）・シンダイン曲線（破線）。スケールが 10 度であることに注意。中心部に濃く描いてあるのが、$\beta = 0.2$ までの塵の尾だが、大彗星の場合のように β が 1 のような塵の尾が見えると、夜空の半分ほどの巨大な尾になる可能性を示していた。（計算：菅原 賢氏）

の軌道面内に限られていることである。この点は見え方に関わる非常に重要な点である。地球が、その彗星の軌道平面とどういう位置関係にあるかで尾が広がって見えるか、逆にすぼまって見えるかが決まるからだ。特に黄道彗星の場合は、軌道傾斜角が小さく、軌道面が黄道面、つまり地球の軌道面に近いことが多い。そうするとよほどのことがない限り、彗星の軌道面を垂直に見下ろすような位置関係にくることはない。たとえ黄道彗星の塵の尾が発達しても、なかなか扇形の立派な尾には見えない。実は黄道彗星のほとんどは、かなり小さい彗星であることが多いので、もともと派手な塵の尾は発達させることがない。その上、地球は彗星の軌道面近くに位置することが多いので、さらに塵の尾が見えるように発達したとしても、細いケースが多いのである。一方、オールトの雲彗星の場合、軌道傾斜角の分布はランダムで、その軌道面は黄道面とは無関係である。軌道傾斜角が大きく、

図 4-9：2007 年に南半球で大彗星になったマックノート彗星。軌道面に対してほぼ垂直な方向に地球があったため、近日点通過後の扇形に広がった壮大な尾が見られた。（提供：S. Deiries/ESO）

軌道面が黄道面に対して立っているような場合では、多くの場合、地球は軌道面を垂直に眺めることとなる。特に大型のオールトの雲彗星は、塵の尾を発達させることがあり、扇形に広がった立派な幅の広い尾が見られるわけである（図4-9）。それでも地球は年に2回ほど、必ず彗星の軌道面を通過する。その前後は、黄道彗星と同様に、その彗星の軌道面を横から眺めることとなる。そのため、たとえ塵の尾が幅広く軌道面上に広がっていたとしても、地球からはみかけ上、塵の尾は細く見えることになる。

ところで、しばしば、このような位置関係にあるときに、塵の尾の一部がまるで太陽側に伸びているように見えることがある。通常の尾とは逆向きに伸びているように見えるので、これをアンチテイルと呼ぶことがある。これは扇形に広がった尾を横から見たとき、その一部がみかけ上、太陽側に伸びて見えるものである。

図 4-10：アンチテイルの彗星の例。右側にイオンの尾が伸びており、塵の尾の一部が左側、すなわち太陽側に伸びているのがわかる。ルーリン彗星（C/2007 N3 ）。2009 年 2 月 21 日撮影。（撮影：津村光則）

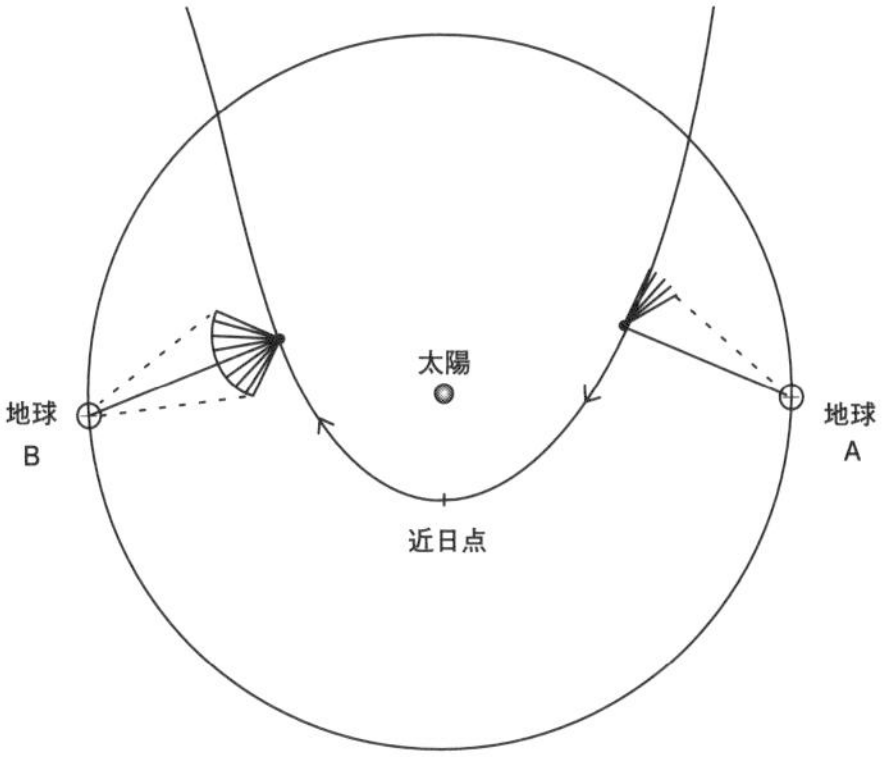

図4-11：アンチテイルが見えるときの地球と彗星の位置関係。近日点前には地球Aから彗星を見ると太陽方向に尾は見えないが、近日点後に尾が広がった場合、地球Bから見るとき太陽方向にも尾が見えることになる。

ところで、彗星の塵の放出量がきわめて多い場合、特に黄道彗星や分裂した彗星などの場合には、塵に関して特殊な形状が観測できることがある。彗星の軌道上に沿って比較的大きな塵や砂粒が並び、直線状に見えるダストトレイルである。ちなみに前の章で、流星の研究で取り上げられるダストトレイルを説明したが、彗星の場合は、その概念は微妙に異なっている。彗星を観測する場合、太陽接近毎に作られる細いダストトレイルそれぞれを空間的に分離して見分けることは到底無理なので、彗星の軌道（付近）に存在する、それらダストトレイルの束を全体に一つとみなしてダストトレイルと呼ぶからである。

さて、彗星から放出される大きな粒は、太陽光圧の影響をあまり受けない。塵の尾をつくるような小さな塵は太陽光圧で吹き飛ばされ、あっという間になくなってしまうため、次に太陽に近づいたときには跡形もない。一方、大きな塵や砂粒、βがほとんど0に近い粒子を大量に放出している場合には、シンクロン・シンダイン曲線では簡単に表せない直線状構造をつくる。数ミリメートルから数センチメートルほどの砂粒ほどの粒子で、彗星の尾をつくるような小さな塵と異なり、太陽の光の圧力の影響をほとんど受けないような粒子の群れである。こういった大きな塵は、ほとんど太陽の重力だけの影響を受ける。また、サイズが大きいために彗星から放出される速度も遅い。そのために、じわじわと彗星本体から離れていくことになり、彗星から初期にどちらに放出されようと、その軌道運動のために彗星本体の軌道に沿って、彗星核の前後に広がっていく。そのために、もともとの彗星の軌道をあまり大きく外れることなく、ほぼその軌道に沿って分布するのだ。したがって、空間的に見れば、塵の尾とはまったく異なる構造となる。地球から観測する限りは、彗星本体の近くで、彗星の軌道に沿って、ほぼ一直線に分布するのである。そもそも大きな粒子は数が少ないため、可視光を反射して輝くことは少なく、1983年に打ち上げられた赤外線天文衛星アイラスなどで見つかるようになった。これらは砂粒として太陽光を反射する面積が全体として少ないものの、太陽光を浴びて暖まっているので、赤外線では自ら放射して光っているためである。そのため、ダストトレイルはしばらく可視光では観測されることはないと思われていた。ちなみに、その常識を破って、世界で初めて可視光で、ダストトレイルを地上観測でとらえた快挙を成し遂げたのは、長野県にある東京大学天文学教育研究センター木曽観測所の口径1・05メートルシュミット望遠鏡だった。ソウル大学の石黒正晃らは、赤外線で濃いダストトレイルを持つ彗星をターゲットとして観測をしていたが、可視光で初めて明確にとらえたのが、2002年2月のコップ彗星であった。

筆者は、この発見観測に立ち会ったことをよく覚えている。石黒氏が最初のクイックルック画像を眺めているとき、明らかに彗星のコマや塵の尾とは異なる直線模様が見えていたのであ

図 4-12：2002 年、世界で最初に可視光で検出されたコップ彗星のダストトレイル。βがちょうど 0 のシンダイン上にかすかな構造が伸びていることがわかる。（提供：ishiguro,Watanabe et al.2002,Apj 572,L117）

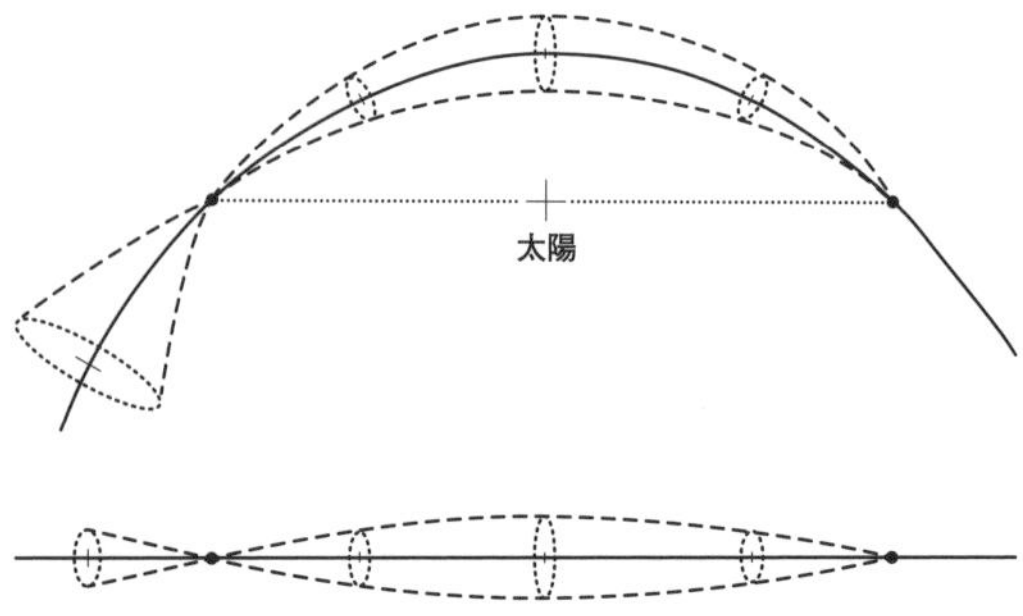

図 4-13：ネックライン構造ができる説明図。Aで放出された塵が近日点では広がってしまう。太陽を挟んだ反対側の場所で再び集まってくる。軌道面の上下に広がる影響のみを考える塵の広がりを模式的に表している。

る。そのときは、石黒氏はとても慎重だったが、筆者は「なんだ、よく見えているじゃないか。」といった覚えがあるからだ。世界初の瞬間は、努力の末にあっけなく達成されるものだ、ということを実感したときだった。このコップ彗星は黄道彗星の中でも塵がとても多く、アイラス衛星の観測でも非常に明るいダストトレイルが観測されていたので、可視光で簡単に撮影されたのは不思議ではなかったのである。現在では、コップ彗星以外の、いくつかの塵の多い彗星で、可視光でもダストトレイルが観測されている。

もう一つ、塵の量が多い場合に、地球との位置関係によってきわめて不思議な構造が現れることがある。ネックライン構造である。これは通常のアンチテイルやダストトレイルとも異なるもので、両者の中間のサイズの塵が織りなす、滅多に現れない特殊な構造である。太陽を大きく回り込む細長い楕円軌道の彗星を考えよう。近日点距離が小さく、また全体が放物線軌道に近いような楕円の歪みが大きいケースである。そして、近日点通過前のある時点で放出されたちょっと大きめの塵を考える。これらの塵はそれほど太陽光圧の影響を受けないが、ダストトレイルになるほど大きくはなく、彗星からの放出速度によってある程度、軌道の上下に広がる。すると、時間が経つにつれて、それらの塵は軌道の上下に広がって動いていくことになる。ところが、それらの塵の群れは、近日点を過ぎると再び集まってくる。

そしてちょうど塵が放出された点と太陽を結んだ反対側の地点で、ふたたび軌道面に集中する。いってみれば、それらがちょうど太陽を挟んで軌道面を上下に交差する、その軌道面に対しての昇降点あるいは降交点となっているのだ。そのとき、太陽光圧を勘案すると完全に彗星核に戻ってくるわけではなく、やはり軌道面にある程度広がった構造となる。この塵の群れを、たまたま軌道面に近い位置にある地球から眺めると、やはり細長く見える。そして、その前後に放出された塵の分布まで考え、空間的にどのように見えるかを計算すると、まるで首に結んだネクタイのように見えるので、ネックライン構造と命名されたのである。

4.7 彗星の形を決める要素6 ─太陽活動との関係─

さて、彗星の形、特にイオンの尾の形状は、地球との位置関係だけでなく、イオンの尾の形状そのものに影響を与える要素がある。太陽活動である。彗星の明るさや塵の尾には基本的に太陽風の影響はないと思ってよいが、イオンの尾は太陽風を可視化したような現象である。なにしろ、太陽風によって吹き流されているところに、一酸化炭素イオンのように光る物質をばらまいているようなものだ。流れる透明な水に、インクを垂らしたようなものと思ってもらえばよい。したがって、イオンの尾の形状は太陽風に支配されている。

少し詳しくイオンの尾の形状について紹介してみよう。物理学の観点で見れば、太陽風は磁場を伴って流れてくるプラズマの流れである。これが彗星のようにプラズマを生成している天体にぶつかると、そこで流れはせき止められる。磁場を磁力線に沿った紐のようなものだとすれば、流れがせき止められた場所を中心に、その紐はU字型に折れ曲がっていく。そして周囲の高速で流れる太陽風に引きずられた形で、磁力線が後方に伸びていく。これがプラズマの尾の磁力線引きずりモデル（Field draping model）と呼ばれるものだ。彗星の頭部で固定された磁力線が後方に引き伸ばされて、プラズマの尾ができるのである。

プラズマは磁力線を容易には横切れないので、彗星の頭部である磁力線にトラップされたプラズマのガスは、その磁力線に沿って後方へと動いていく。そのガスが光れば、磁力線が可視化され、イオンの尾になるわけである。ただ、この図は彗星が軌道運動していない単純化したもので、実際には彗星の軌道運動方向によって、引き延ばされる尾の方向は太陽と反対方向からややずれる。尾の軸のずれは、太陽風のスピードと彗星核の軌道運動の組み合わせによって決まる。彗星の軌道運動は軌道計算からわかるので、逆にいえば、このイオンの尾の軸が反太陽方向からどれだけずれているかを調べると、太陽風のスピードがわかることになる。この関係を利用して太陽風の

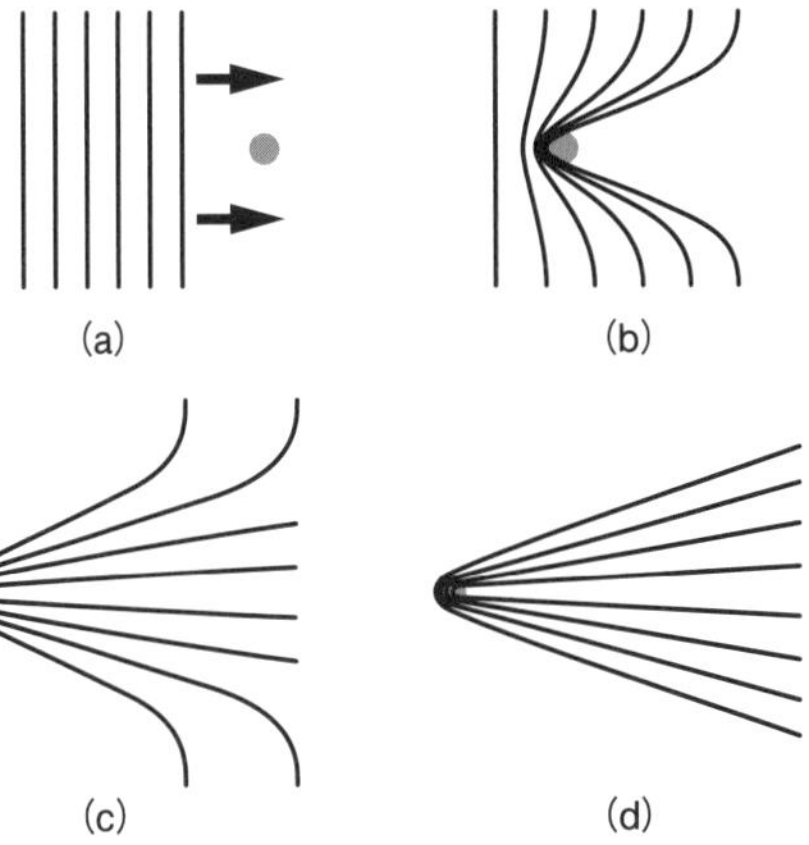

図 4-14：プラズマの尾の磁力線引きずりモデル（Field draping model）の説明。

スピードを求めた先駆者がアメリカの天文学者ブラントらで、ウインドソックモデル（WINDSOCK MODEL）とも呼ばれる。太陽風のスピードが速ければ速いほど、イオンの尾は反太陽方向に近づき、遅いと反太陽方向からのずれは大きくなる。原理は単純だが、実際には二次元に投影された天球上の角度を計測し、それを彗星軌道面に焼き直さなくてはならないので、三次元的な考察が必要になる。ヘール・ボップ彗星（C/1995 O1）のイオンの尾を用いて阿部新助らは太陽風のスピードを求めたのが、日本では代表例であろう。

ところで、実際に頭部で引っかかった磁力線が、こんなふうに折れ曲がっていく様子が見えることがある。ガスが多く、イオンの尾が見えるような彗星の場合、その頭部をよく観察すると、でき始めのイオンの尾の一部が見えるのだ。最初は頭部を中心に広い角度で中途半端な形になっているのだが、時間が経過するにつれ、その角度が狭く、そして長くなっていく。こうした彗星の頭部のイオンの尾の構造を「レイ（RAY）」と呼ぶ。このレイのすぼまっていくスピードも太陽風の速度に依存している。1991年、私は木曽観測所のシュミット望遠鏡で観測したブロルセン・メトカーフ彗星のレイのすぼまりから、その周囲の太陽風の速度を算出し、『SOLAR PHYSICS』という太陽研究の専門誌に論文を発表したことがある。一般的に核からかなり離れれば、イオンの尾の構造などからスピードは計測できるが、核近傍の構造で太陽風のスピードを計測できることを示したのは世界で初めてだった。

さて、ここまでは太陽の定常的な活動時におけるイオンの尾の話だったが、実は太陽風もしばしば性質が変わる。もっともわかりやすいのは、2024年5月にも起こったような太陽フレアに伴う太陽からの高エネルギー粒子の放出であろう。日本各地で低緯度オーロラが見えて話題となったが、こうしたフレアは彗星のイオンの尾の形状に変化を与える。フレアでなくても、コロナ質量放出であったり、太陽活動によって太陽風が引き連れてくる磁場が逆転したり、彗星に衝突する太陽風のスピードが急変したり、コロナ質量放出などでイオンの尾は様々に変化する。こうした激変時にイオンの尾は極端な変化を見せることがある。その代表例が、イオンの尾が突然にちぎれて見える現象だ。これは「尾のちぎれ現象（DISCONNECTION EVENT）と呼ばれ、アメリカの天文学者ニードナーとブラントによって、イオンの尾を形成する元となる太陽風が引き連れてくる磁力線が逆転するためだと提唱されている。この逆転面を磁気中性面（セク

図4-15:レイの変化　ラブジョイ彗星によるレイの変化。上から2015年1月12日、2015年1月13日、2015年1月19日の彗星でレイが変化する様子がわかる。(撮影:津村光則)

ターバウンダリー）と呼ぶ。この磁気中性面は太陽の自転とともに、惑星間空間で共回転している。実は、この磁気中性面は現在、観測が進んでおり、どこにあるかはだいたいわかるようになっている。太陽の活動極大期では磁気中性面は黄道面に対して立ったような形になるが、極小期では、太陽赤道付近、つまり黄道面に寝ている。この磁気中性面が通過すると、それまでつくっていた頭部の磁力線につなぎ替えが起きるのだ。これを磁気再結合（リコネクション）と呼んでいる。古い磁力線によって形成されたイオンの尾はそのまま反太陽方向へ流され、あたかもイオンの尾がちぎれて彗星頭部から離れていくように見えるのである。

ただ、これだけが尾のちぎれ現象のメカニズムかというと、どうもそうではなさそうである。太陽風の急激な変化（太陽風動圧の変化）によっても同じような現象が起こることを、日本の太陽磁気圏研究者である斎藤尚生が提唱している。実際に磁気中性面の通過がなくてもイオンの尾の擾乱は起こる。こぶのようなプラズマの固まりが雲のようにたくさんできたり、折れ曲がりができたりすることが多い。したがって、両方のメカニズムがあるのではないか、と思われる。このあたりは広視野の観測が必要になるので、アマチュアの方々の観測での活躍が期待される分野である。

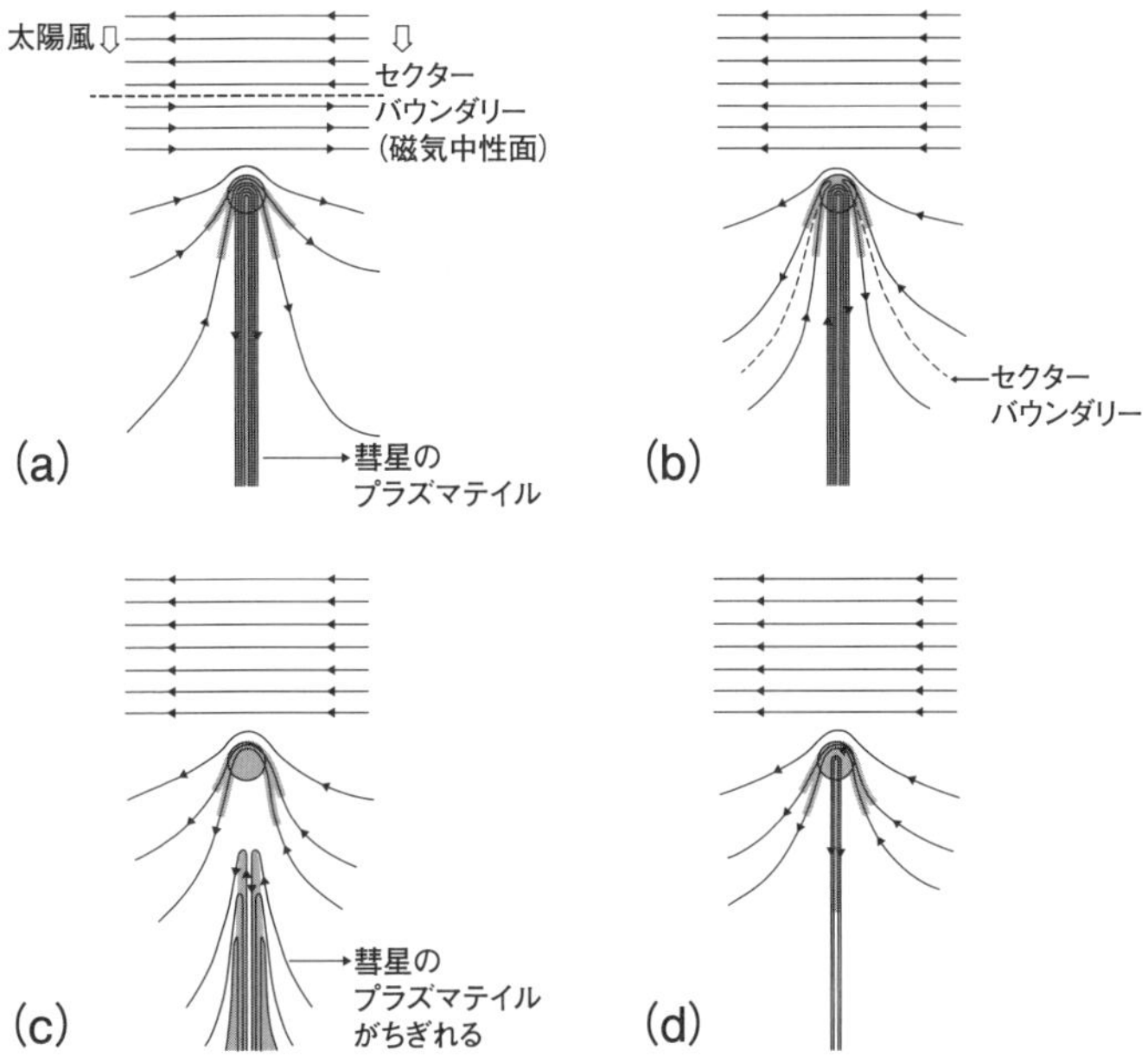

図 4-16：セクターバウンダリーが通過し、磁場の逆転が起きて頭部で磁力線が再結合して彗星頭部からちぎれていく様子。

4-8 彗星の形を決める要素7 ―太陽との相対速度―

彗星の形状の多様性の最後に、第三の尾とも呼ばれているナトリウムの尾（中性ガスの尾）について紹介しておきたい。ナトリウムというのはきわめて発光効率の高い元素なので、高速道路や街路照明などでもオレンジ色に輝くナトリウムランプを見たことがあるに違いない。そのナトリウムも彗星にはわずかながら含まれていることは、19世紀に出現した大彗星で肉眼での分光観測から知られていた。それが直線状の構造をしていることは、1957年にはムルコス彗星で観測されている。明確なナトリウムの尾として観測されたのが、1997年に現れたヘール・ボップ彗星であった。このナトリウムの尾を検出したのは、カメラレンズと冷却CCDの組み合わせた広角撮像システムを赤道儀にのせ、広視野の撮像装置で観測を行ったイタリアの天文学者ガブリエル・クレモネーズを中心とするヨーロッパの観測チームだった。彼らは通常のイオンの尾と区別するため、ナトリウムが発光する輝線（D線と呼ぶ）だけでなく、水のイオン（H_2O^+）を出す波長域でも同時に撮像を行い、きわめて細くまっすぐに伸びる構造をとらえた。水イオンの尾との違いが明確になったことで、ナトリウムの尾が実際に広く認識されるようになったのである。ただ、ナトリウムが尾をつくるほど濃くなるのは、いささか難しい条件がある。ナトリウムの量が多いことに加えて、太陽との相対的な速度の条件があるからだ。

少し難しい話になるが、詳しく紹介しておこう。ナトリウムのような中性のガスは、基本的にイオンと異なり電荷を持たないので太陽風に流されることがない。そのため、一般的には彗星核のまわりをぼやっと取り囲むコマをつくる。C_2やCNといった中性ガスのコマである。実は、完全に丸く取り囲んでいるかというとそうではない。彗星核に対して微妙に太陽側よりも反太陽側の方に広がっているのだ。これは太陽光のせいである。太陽の光は、中性原子にも圧力を加えるので、そのガスも反太陽側に押し流されるのだ。しかし、太陽の光を受け取る効率が大きく異なる。C_2やCNといった分子は（途中で壊れてしまうという要因もあるが）、押し流される力は弱い。そのため彗星核のまわりに、反太陽側に広がりつつも、ほぼ球対称な分布をつくるのである。

ところが、ナトリウムは特別だ。発光効率が良いということは、逆にいえば太陽の光を受け取る効率も良いことを意味している。塵に比べて、ナトリウム原子一つ一つはとても小さく、きわめて軽い。そのためにナトリウム原子は、光の圧力を受けると、反太陽方向にものすごい勢いで加速されていくことになる。したがって、イオンの尾よりも一般的に直線的に伸びることが多い。だが、ナトリウム原子が主に受け取るのは、いわゆるナトリウムが発する輝線に対応するD線の波長の太陽光である。実はフラウンホーファーがD線と名付けたくらいに、その波長の太陽光が深い吸収線（暗線）になっている、つまりちょうど光が弱い場所に相当する。太陽にもナトリウムがあって深い吸収線となっているわけだ。すると、近日点を通過している彗星のナトリウムは、ちょうど暗線に対応する波長の光を受けるので、光の圧力が弱くなり、加速されず、あまり輝きもしないということになる。一方、彗星が太陽に近づいてくるときを考えると、彗星が太陽に向かって相対速度を持つので、ドップラー効果によって彗星のナトリウムが吸収線よりもやや青い波長の光を受け取ることになる。ここだと吸収線を外れているので、ナトリウムは太陽と反対の方向に効率よく押され始め、加速していく。すると、今度は彗星の軌道運動と逆方向に加速されるので、太陽との相対速度はどんどんゼロに近づいていく。つまり、ナトリウムが受け取る光の波長がちょうど吸収線の底に向かっていくことになって、その光はますます少なくなる。こうして近日点通過前のナトリウムの尾はあまり伸びないことになる。一方で、近日点を過ぎて太陽から離れるときには、ナトリウムはドップラーシフトによって太陽の吸収線の深いところよりも波長の長い側（赤い方）の光を効率的に受けることになる。すると、ナトリウムが加速すればするほど、吸収線の底から離れ、どんどん光が増える方向になるので、ますます押す力を受け、加速はずっと続いていくことになる。こうして近日点前後で、その形状も長さもまったく異なる尾となってしまうのだ。

実際、これに対応する変化はヘールボップ彗星でも見られている。ナトリウムの尾は近日点を通過するまでは、イオンの尾よりも幅広く、あまり直線的ではなかったのだ。それが発見時のように近日点通過後は鋭い直線状になった。この太陽のナトリウムの吸収線と、彗星の軌道運動が引き起こすドップラーシフトによる一種の〝いたずら〟であることを解き明かしたのは京都産業大学の河北秀世氏らであった。２０１３年に出現したパンスターズ彗星（C/2011 L4）でも、直線状になったナトリウムの尾は国立天文台の福島英雄らによってとらえられている（図4-1）。

4-9 彗星の形を決める要素8 ―地球と彗星核の自転軸との関係―

さて、最後に核近傍現象と呼ばれる形状について紹介しよう。活発な彗星では、核の周囲にコマが発達するが、そのコマの中心にある明るい部分（核そのものは見えないが、中央集光部

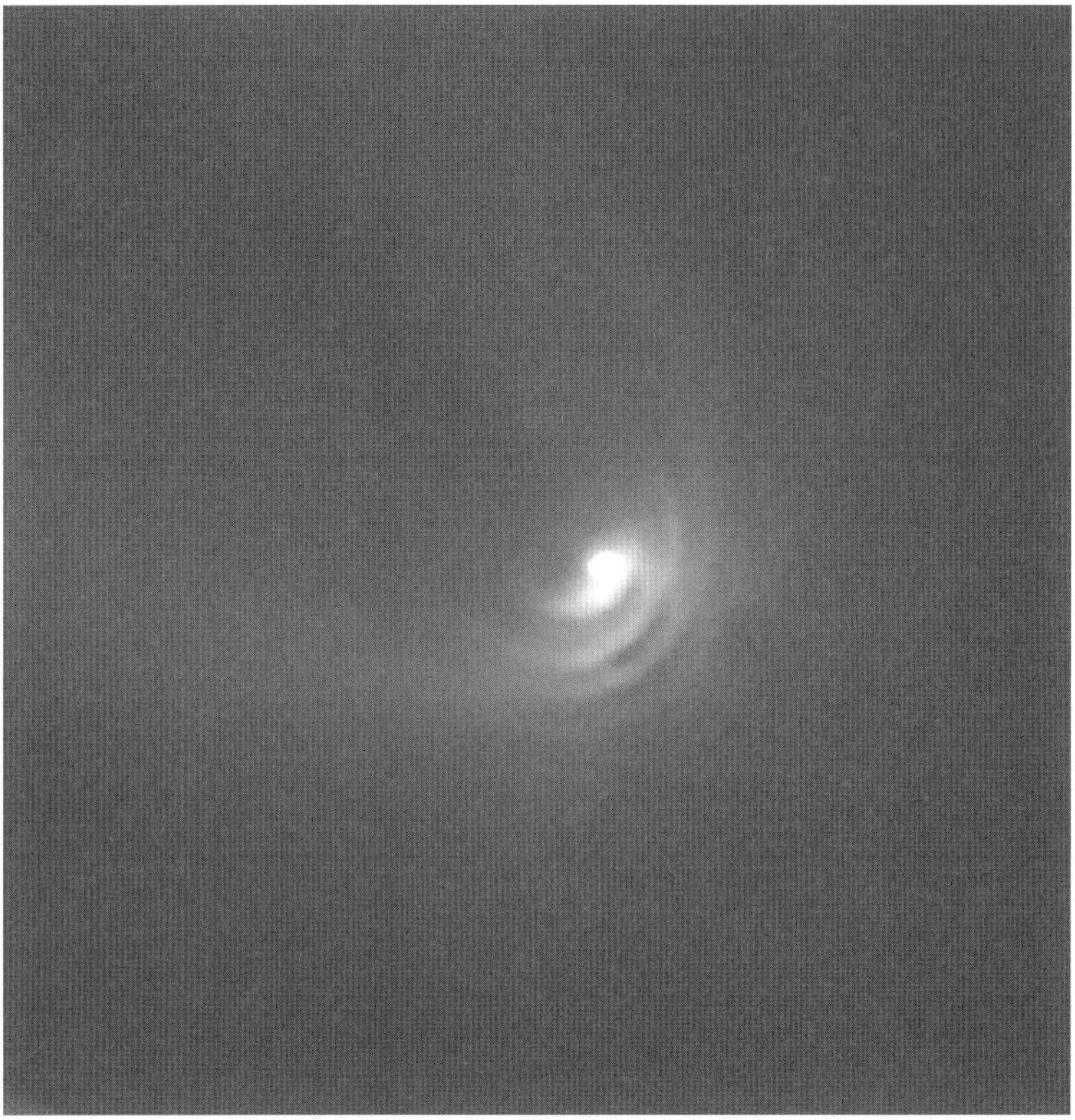

図 4-17：ヘール・ボップ彗星 C/1995 O1 の核近傍の様子。塵のジェットが幾重にも重なり、同心円構造がよくわかる。（提供：国立天文台）

と呼ばれる）を天体望遠鏡などで拡大すると、球対称ではなく、しばしば不均一な構造が見えることがある。中央部から直線状に伸びた構造が見えたり、あるいは中央集光部を中心に同心円状に円弧が幾重にも取り巻いていたりすることがある。こうした不均一な構造の原因は、彗星核から飛び出してくる物質が、核の表面から均等に蒸発・放出されるのではなく、まるで火山のように局所的に物質が放出されるからである。このような核表面のスポットを活動領域と呼ぶ。何度も太陽に近づいた彗星だと、その表面にはもはや氷などの揮発性物質はほとんど残っておらず、地下の氷が活動源になっていることが多い。地下から放出される物質は、表面の不揮発性物質で覆われた層（ダストマントルあるいはクラストと呼ぶ）の弱い部分から放出される。この現象をジェットと呼ぶことがあり、このジェットの放出と、核における活動領域の位置、そして核の自転軸を地球がどの方向から見るかによって直線状に見えたり、円弧状に見えたり、渦巻きを描いたりするわけである。

例えば、彗星核の自転軸の赤道上に活動領域があったとしよう。そこからしばらくジェットが出続けたとする。地球が、もしこの彗星の自転軸の方向にあったとすれば、そのジェットは渦巻き模様に見えるだろう。もし、自転周期がものすごく速ければ、幾重にも中央集光部を取り巻く同心円状の構造になるはずだ。実際、ヘール・ボップ彗星では、このような構造が観測されていた。

では、同じ状況で、地球が自転軸と垂直方向にあったとするとどう見えるだろうか。赤道上から吹いたジェットは、（太陽の影響が無視できる範囲では）赤道上にしか伸びないので、地球から見れば一直線状に見えることになる。実際には、活動領域は彗星核のあちこちにあり得るし、

図 4-18:アウトバーストしたポンス・ブルックス彗星 12P/Pons-Brooks。2023 年 7 月 21.48 日〜21.52 日(UT)（撮影：津村光則）

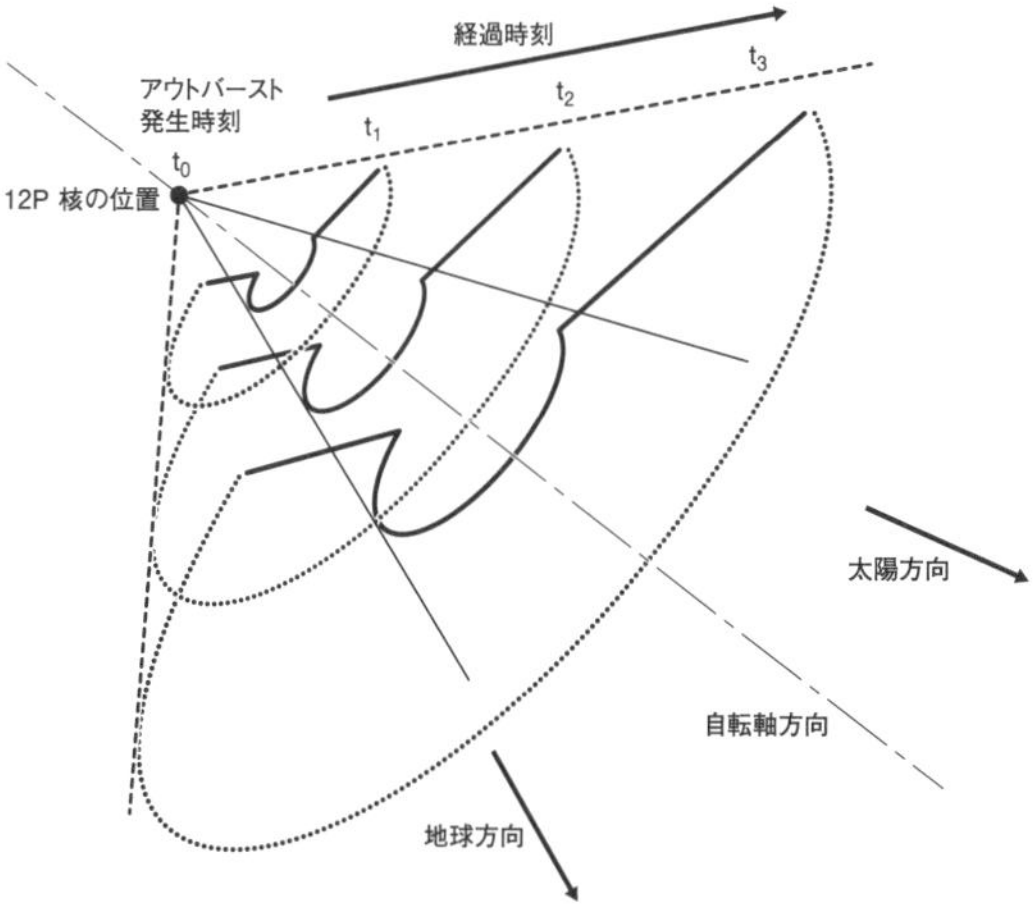

図 4-19：ポンス・ブルックス彗星 12P/Pons-Brooks の 1 回目のアウトバースト（2023 年 7 月 19.57 日）の形状変化を説明するモデル。（長谷川均、津村光則、渡辺信一、秋澤宏樹、渡部潤一）

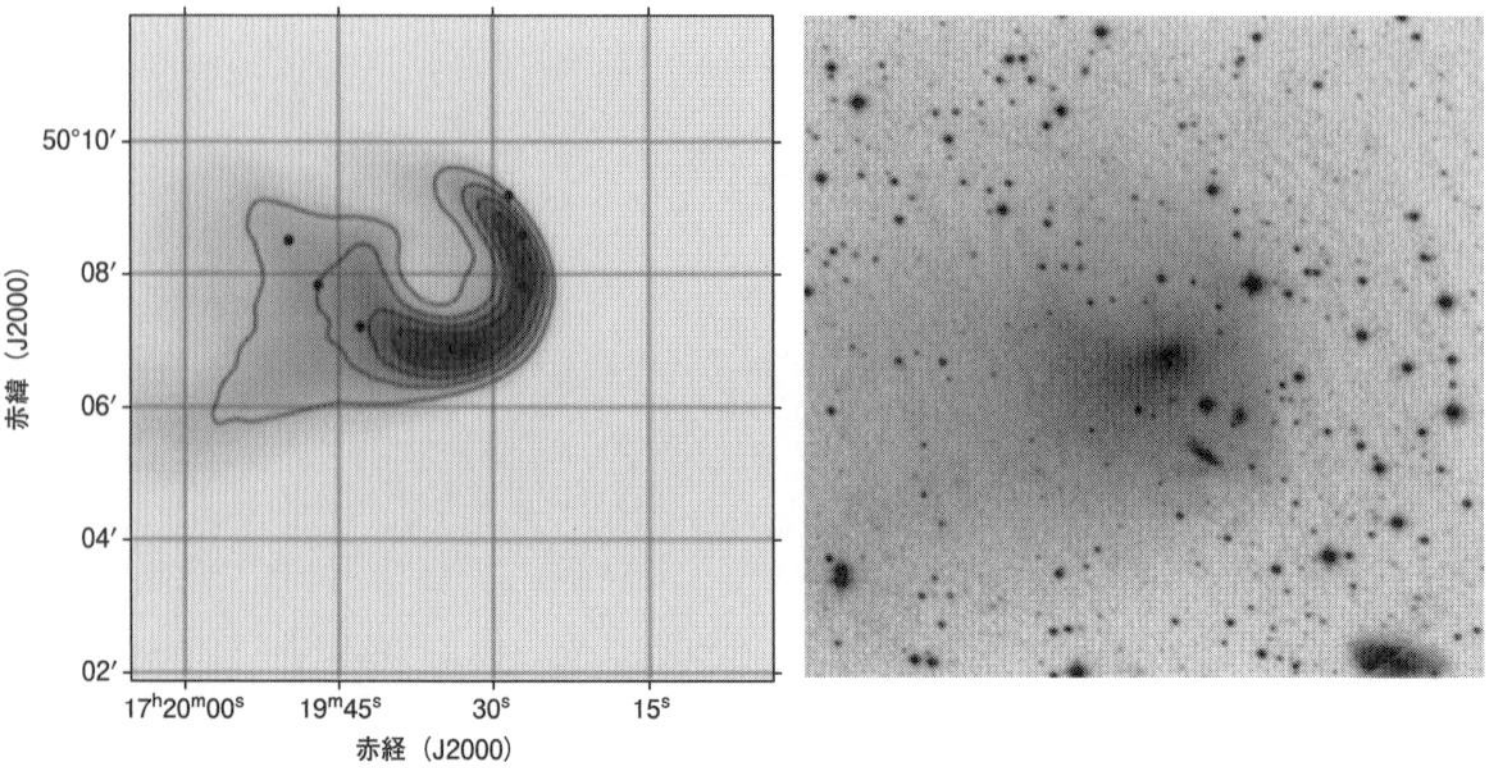

図 4-20：2023 年 7 月 19 日のアウトバーストで放出されたダストの 56 日後の空間分布のモデル計算結果（左）と、その日 2023 年 9 月 13 日）の観測画像（右）との比較。左図のコントアはモデル計算結果によるもので、●は観測画像のコントアの尾根の測定点の位置。

地球と自転軸の関係も様々なので、ぐにゃっと曲がったようなジェットが見えることが多い。またジェットが非常に大規模になると、噴き出した塵などがやがて太陽光圧の影響を受けて、反太陽側に曲がっていく様子も見られることがある。こうした核近傍の構造のおもしろさも、彗星観測をする醍醐味の一つである。

　このように彗星が様々な形状に見える理由が、少しはおわかり頂けただろうか。彗星核そのものの大きさ、塵とガスの成分比、日心距離、地心距離、そして地球との位置関係、太陽活動などの種々の条件によって、彗星の見え方はさまざまに変わるのである。どれ一つとして同じ表情を持つ彗星はないといっていいだろう。逆に言えば、それが彗星を見る楽しみに繋がっているのである。

第5章

観測風景　その2

紫金山・アトラス彗星の発見の報を聞いて、奥山一郎と話をした翌日のことである。山田真一はかなり早めに出勤していた。とはいっても観測当番の日の日暮れからの勤務なので、夕方の19時からだったが、すでに18時には天文台に到着していた。晴れたときのために観測準備をしていたが、天候は良くなかった。

「今夜の観測は無理かもしれないなぁ」

と独り言をいっていると、もう一人のスペースガードセンターの研究員、浦上清太郎がやってきた。清太郎はかなりの先輩であり、また観測研究のベテランでもあった。もともと真一は、太陽系が専門ではなく、系外惑星の観測研究で博士号を取得していたのだが、縁あって、このスペースガードセンターで働くことになった。系外惑星の研究はなかなか捨てがたかったのだが、昨今の就職難を考えれば、多少専門が違ってもそれで禄を食むことができれば御の字である。さらに真一は、夜間勤務のような、旧来の天文学者のスタイルが好きだった。皆が寝静まった深夜に、望遠鏡を操作し、宇宙を垣間見る、その行為に不思議な魅力を感じていたのだ。大学の所属になってしまうと、実際にはそうではないとしても、なんとなく現場を離れた感覚を持ってしまいそうだった。それに系外惑星の観測研究も非常に進んできていて、逆に我々の惑星系である太陽系の研究にフィードバックがかかることが多くなって、こちらも学べば学ぶほどおもしろいと思えるようになった。それに輪をかけたのは、先輩である浦上のおかげである。彼は小惑星や彗星など、太陽系小天体が元々専門であり、いろいろ教えてもらえるのが愉しかった。

「お疲れさま、今夜は駄目かもしれないね。」

観測室で清太郎は気軽に真一に声をかけた。

「はい、難しそうですね。」

真一は、昨夜知った紫金山・アトラス彗星について聞いてみようと思った。

「ところで、浦上さん。昨夜奥山さんから聞いたのですが、紫金山・アトラス彗星、どう思います？」

浦上は意外な顔をしていた。

「なんだ、もう知っているのか。」

「まだ、明るくなるかどうか、わからないよね。いずれにしろ、近づいてきてどう変化するかだな。ところで…」

浦上は間を置いてから、声を潜めるように続けた。

「おもしろそうなんで、晴れたら観測してみようかと思っているんだが。」

スペースガードセンターでは、観測はあらかじめ決められている。もともと地球に近づくようなNEOなどの観測や捜索、スペースデブリなどの人工衛星の破片の観測などが任務として定められており、研究員といえども自分の勝手な興味で観測をすることは正式には許されていない。その後ろめたさが声を潜める理由であることは、真一にも理解できた。

「それはおもしろいですが、大丈夫でしょうか？」

それは観測したときの理由が説明できるか、という点にある。真一はいささか心配になった。

「ははは、大丈夫だよ。業務で捜索する天球上の範囲内なら観測は堂々とできるし、世界的な貢献にもなるからね。なにしろ、同じスペースガードの天文台が見つけてくれた彗星だ。仲間である我々が観測しても賞賛こそあれ、非難はされないよ。」

この浦上の楽天的なところが、山奥で業務に縛られているイメージのある天文台の雰囲気を明るくしてくれている。そういう点が真一は好きであった。

「だけど、ここから見えるかなぁ？」

楽天的な性格に加えて、きわめて雑なところもある。だが、それが浦上の魅力ではあった。観測可能かどうかもチェックしていないで観測してみようなんて、よくいえるよなぁ、と真一は思いながら応える。

「では、ちょっと彗星の位置、出してみましょうか？」

そういいながら、キーボードを叩き、アメリカのジェット推進研究所が公開している位置推算プログラムにアクセスした。さすがにもうすでに紫金山・アトラス彗星の暫定軌道の登録があった。それで計算をしてみるとすぐに答えが返ってきた。今夜の位置は

α　15h 20w 41.84s
δ　$-$ 00° 45' 07.9"

「浦上さん、出ました。アルファは15時20分、デルタはほぼ赤道上です。」

α《アルファ》、δ《デルタ》は、それぞれ星の座標を示す赤経、赤緯の記号である。観測の現場では、こうした記号を使うことが多い。その数値を聞いて、浦上が即座にいった。

「とすると、夏の星座か。へび座の頭あたりかな。深夜過ぎには、かなり上ってくる場所だね。こりゃ、観測できるね。」

アルファ、デルタの数値だけで、どのあたりで観測可能かどうかをすぐに判断できるのはベテ

ランならではである。真一はまだその感覚はつかみきれていない。いずれにしろ、今夜は晴れればおもしろそうだ、と思った。天気予報は相変わらず悪いが、なにせ彗星そのものはまだ遠い場所にあるので、移動も遅く、明日あさってになったとしても観測条件にそれほど変化はない。

「そういえば、明日は3・11だねぇ、山田君。」

日付を見た浦上は、いささか情感のこもった声で呟くようにいった。真一の来し方を浦上は知っていた。

真一は東日本大震災で大好きだった祖父を失った。祖父は海沿いの家に住んでいて、真一は幼い頃からよく遊びに行っていた。夏のある夜、めずらしく寡黙な祖父が、蛍をきっかけにして夜空を見上げて星座の説明をしてくれたことをよく覚えている。震災の日の夜は、街灯が消えて、えらく星がきれいに見えた。南西の空にはオリオン座が傾きかけていて、シリウスがぎらぎら光っていた。月灯りがあったので、冬の天の川は見えなかったが、町中にあった真一の家からこれだけきれいな星は見えたことはなかった。祖父の家から見た星空と同じだ、と思った。そこまではよく覚えているのだが、次の日、津波で電源喪失した近くの原発が事故を起こし、家族ともども避難を余儀なくされ、そのあたりの記憶は途切れている。避難する車で大渋滞していたためか、後部座席で寝てしまい、目が覚めたときにはどこかの体育館の駐車場だった。そして、次の記憶は親戚を頼って避難した埼玉での苦しかった学校生活の思い出になる。真一の生活はがらりと変わった。なまりのある言葉と、福島から逃げてきたというのはいじめを受ける理由になった。そして、真一をさらに追い詰めたのが父の死である。震災後の埼玉での仕事がうまくみつからず、結局は福島で除染関連の仕事を請け負うようになり、週末に埼玉の家族の元へ通うようになったからだ。しかし、無理がたたり、福島から埼玉へ帰る途中に交通事故で亡くなってしまったのである。そんな辛さから、死んで楽になりたいと思い、山に登った。もちろん、このあたりの経緯はさすがに浦上さんにも誰にも話してはいなかった。

ただ、山の上の駐車場で出会った天文好きの方に、星を見に来たと勘違いされ、親切に解説付きで天体望遠鏡を覗かせてもらったことは常々、話をしてきた。その人はさまざまな天体を見せてくれたのだが、最後に、この望遠鏡では決して見えないような天体の話を聞かせてくれた。

「この望遠鏡では見えないけどね。この星のまわりには、地球と同じような大きさの惑星があるんだよ。だからね、いまこの瞬間、向こうからもこっちを天体望遠鏡で眺めている宇宙人がいるかもしれないよ。」

そのときなんだか胸が高鳴ったことを鮮明に覚えている。彼らの中にもいじめで苦しんでいる宇宙人もいるんだろうか。真一の頭が回転を始めた気がした。その人は続けて、こんな話もした。

「地球のような惑星を持っている星がね、知られている限りね、30個ほどあるんだ。これはまだ10万個ほどを調べた結果だからね、天の川の星は全部で1千億あるから、その割合でいくと、1億個の地球があるはずだよ。」

すごいと素直に思った。なんだか辛い気持ちがほんの少し軽くなるような気がしたのである。この出会いが真一の人生を変えた。その人の名前も住んでいる場所も聞かなかったことが悔やまれたが、その後、真一は天文学を目指すことになったのだ。いつも3・11がやってくると真一は思い出すのである。そして生かされていることに感謝するのだ。

「ありがとうございます。3・11は私の原点です。」

そう応えると、陽気な浦上も、笑顔で応えた。

「うん、前向きだね。山田君は。そこが君の良いところだね。」

いやいや、それは浦上さんに教えてもらったことです、といおうとしたが、あまりにストレートすぎて口にするのが恥ずかしく、言葉を飲み込んでしまった。

想像できないほど茫漠たる宇宙の時空のある一点で、こうして生物、それも知的好奇心に溢れる知的生命として生まれ、その時空を奇跡的に共有して同じことに取り組んだり、話をしたりできること。こんな奇跡はない、と真一は常々感じてしまうのだ。そう思うと、目の前のさまざまな問題があったとしても、なんだか軽いことのように思えるのである。もちろん、一つ一つ軽いわけではないし、星を眺めたり、宇宙を思ったりすることで問題が解決するわけではないのだが、肩の荷が軽くなると同時に取り組めばなんとかなると思えたりするのだ。

それに加えて、真一には、あの学生時代の辛い日々を乗り越えられたという思いもあった。それに比べれば、と思ってしまう。通り過ぎて、客観視できるようになったからだろうか、実際にはそれほど辛いと思ったのは、狭い視野しかなかった自分の思い込みだった気もする。ある意味、独り相撲だったのかもしれない。3・11の前後には、真一は、しばしばそんな回想をするようになっていた。

大学院生の頃だったか、ハワイ・マウナケアのすばる望遠鏡で系外惑星の観測をしていた時、観測を終えて、麓の宿泊施設へ降りる車中で不思議なものを見たことがある。高山病の頭痛に襲われた真一は、車の中でうとうとしていた。砂利道に入ると、その振動で真一が目を開けたとき、周囲は深い霧に覆われていたが、そこにふたりの人影が見えたのだ。輪郭こそぼやっとしていたが、その影の一つは少しやせ気味だがしっかりした体つきで、細い首の上に見覚えのある老齢な顔がのっており、その隣には、さらに体格が良い肩幅の広い人影が寄り添っていた。祖父と父だった。思わず、真一はあっと叫んだ覚えがある。落ち着いて考えれば、それはマウナケア特有の、背のやや高い銀剣草と呼ばれる高山植物であったのだろう。しかし、真一の胸の鼓動は鳴り止まず、しかし、どこか真一は嬉しかった。真一が頭の中で作り出した幻影であったとしても、それはそれで真一の心の中で父と祖父が生きているということなのだろう、と思ったものである。3・11が来ると、その時期ではなかったはずなのに、この記憶が真一には蘇ってくるのである。

そうこうしているうちに深夜を過ぎた。制御コンピュータの時刻の日付はそのままで26時となった。天文学観測の場合、夜中に日付を変えてしまって、0時から始めると不便である。一晩の観測が連続的に見えないからだ。後々、翌日の観測と間違えられる可能性もあるので、そのまま日付を変えずに30時まで伸ばしていく、30時制をとっている。つまり、午前2時は26時という具合である。都合が良いのは日付が変わらないだけではない。日本時刻を世界時に直すときに、そのまま9時間引くだけでよい。つまり、日付を変えずに30時間制の時刻から9時間引くと、世界共通に使われる世界時に簡単に換算ができるのだ。

深夜過ぎには天候が回復してくるという予想通り、西の方から徐々に良くなってきた。人工衛星からの雲画像では、この周辺上空は雲が次第に薄くなってきた。全天カメラの画像の方を眺めると、確かに先ほどよりも雲が薄く、明るい星が見えだしていた。真一は我に返って、メールのやりとりをしている浦上に声をかけた。

「浦上さん、晴れてきそうですよ。」

その声に応えて、浦上も全天カメラの画像を眺めるや、すぐに今夜の観測すべき領域のチェックに入った。

「山田君、湿度は？」

たとえ晴れても湿度が高いと、ドームスリットを開けられない。観測装置はノイズを減らして、その効率を上げるために冷却してあるので、高い湿度は露付きの原因となる大敵なのである。

「まだ70％ですが、低下する傾向ですね。」

「うん、もうちょっとだなぁ。」

このスペースガードセンターの望遠鏡のドームは湿度が60％程度に下がったら開閉できるようになっている。

「ちょっと、外を見てきます。」

真一は、そういうと観測室を出て、ドームに向かった。キャットウォークに出ると、風はそれほどではなく、西の空はかなり晴れてきていた。月は上弦なので、既に西の地平線に沈んでいた。ふたご座やぎょしゃ座の星たちが冬の名残として、西の地平線の上にまだ輝いていた。東へと向くと、夏の星の代表であること座のベガが早々と上っているのが見えた。織姫星である。ベガは1等星の中でも明るく、かつ赤緯が高いために、秋から冬の北西の地平線に見えなくなったと思うと、春の深夜には北東の地平線に早々と姿を現す星である。

「気が早い織姫様だ。」

真一はこの時期にベガを見つけると、いつも呟く。まだまだ七夕は先だぞ、という気持ちである。さすがにまわりの星たちは雲のせいでまだ見えてこなかったが、この雲の流れ方からすれば、じき晴れるに違いない。肝心の紫金山・アトラス彗星のあるへび座の頭は、すでにもっと高いところにあるはずである。

観測室に帰った真一は、浦上に告げる。

「もうベガが上ってきてますね。雲も流れていきそうで、もうすぐ観測できそうです。」

「よっしゃ！　いっちょ頑張ってみるか！」

浦上は無駄に思えるほど気合いを入れ、椅子に座り直すと、天候モニターに目を向ける。雲がすでにかなりなくなりつつあった。タイミングを見計らって、叫ぶように真一に聞く。

「湿度は？」

「はい、60%を切りました。」

「よし、ドームを開けるか。」

浦上がボタンを押すと、ウィーンという機械音と共にドームのスリットが開く気配がした。ドームの中のカメラが、星灯りに照らされた望遠鏡を映し出す。同時に望遠鏡も動き始める。ドームを開けながら、望遠鏡も同時に動かすという、操作の速さは浦上の得意技だ。望遠鏡の向いた方向にドームも大きな音と共に回転して追随していく。雲さえ退いてくれれば、その瞬間から観測を行える。一瞬たりとも無駄にしないというポリシーが徹底していた。そして、すべての準備が整い、機械音がしなくなった瞬間、浦上はすでに観測を始めていた。いつも真一は、彼の操作の手際の良さに舌を巻くのである。

「もう露出始めたんですか？」

「あぁ、多少薄雲があっても、時間を無駄にはできんからなぁ。」

そうこうしているうちに、撮像結果がコンピュータに送られ、クイックルック画像がモニターに表示される。何かのターゲット天体を狙うとき、この最初のクイックルック画像を眺めるのがもっともどきどきする瞬間である。未知の天体と出会う瞬間。どんな明るさで、いったいどんな姿をしているのか。通常の小惑星を追いかけるケースだと、何も物質を放出していないため点像になるのだが、それでも移動速度によっては線状に写る。その線の長さこそが、基本的には地球からの距離に反比例するので、どの程度の線の長さになるか、いつもクイックルック画像にはわくわくする。今回は、なにしろ彗星である。どの程度の大きさに見えるか、尾はあるのか、形はどうなっているのか、他の要素の楽しみがある。

上から下へ次第に画像が映し出されると、その中心付近にあるはずのターゲット天体が見つからない。

「さすがにまだ雲が邪魔してるかな。」

そういいながら、浦上は次の撮像のコマンドを打っている。

真一は、じっと最初の画像を眺めて、確かに星の数が少ないので、雲が退けきっていないのだろう、と思った。そして、撮像を重ねるにつれ、次第に視野の中の星の数がどんどん増えていった。

「かなり写るようになりましたね。」

真一はそういいながら、ターゲットの予測位置にかなり暗い天体を見つけた。

「ありましたよ、これですよね。」

すぐに簡易的なソフトを立ち上げ、その天体の明るさを計測した。

「明るさは17等です。それにしても、まだ恒星状に近いですね。」

浦上は、頷いた。コマと呼ばれる彗星特有の大気がまだ認識できなかった。それでもなんとか検出できたことで、なんとなく真一はほっとしていた。同じスペースガードの仲間として、南アフリカの連中にも顔向けができる気もした。

「うーん、まだ太陽から遠いからなぁ。7天文単位って、木星より遠いんだよね。それでも17等とは立派なもんだ。」

浦上は続けた。

「果たして、太陽に近づいたら、どんな姿に化けるかねぇ…。」

太陽に近づくのは翌年の秋である。真一は、じっと画像に写った天体の姿を眺めていた。いま、このときもこの彗星は静かに太陽に近づく軌道を進みつつある。そんな虚空の中での宇宙の営みの一端を我々はいままさに垣間見ているのだ、と思うと、いいようのない不思議な感情がわき起こってくるのだ。茫漠たる宇宙の片隅で、地球に知的生命が生まれ、そんな宇宙のちっぽけな現象に、心躍らせていること、そんな人たちがたくさん居ることが奇跡と言えるのではないか。

「さぁて、仕事、仕事!」

浦上が真一に向け、声をかける。感傷に浸っている時間はない、と浦上は真一に通常の業務観測を促したのだろうが、うまく新彗星の観測ができたことで満足しているせいもあってか、その声のどこかにいつもより暖かみを感じた真一だった。

第6章

彗星の明るさの謎

彗星の予測はどうしてはずれることがあるのか？　これまで明るさが大きく外れてしまった彗星について例として取り上げ、彗星核の性質や、そこから考えられる仮説を解説しよう。

6.1　彗星の明るさを決める要因

第4章では、彗星の形について、それを決める要因毎に解説したが、皆さんがもっとも興味のあるのが彗星の明るさだろう。以前にも紹介したが、彗星の明るさは、その彗星が纏っているガスや塵の量で決まる。それは彗星核の大きさ（あるいは揮発成分の量といい換えてもよい）によって決まってくる。核が大きく、揮発成分が多ければ、彗星核から蒸発するガスや、それに伴って放出される塵の量も多くなり、明るくなるのは感覚的にも理解できるだろう。可視光で見れば、ガスの一部は電気的に中性のガスとして核のまわりにぼやっと光るコマをつくる。おもにC_2やCNといった分子で、化学ではラジカルと呼ばれ、活性が高く短寿命なのだが、宇宙では分子同士の衝突はそうそう起こらないので、彗星核からしばらく寿命を保ち、やがて原子へと壊れていく。その間の短い期間だけ、彗星核をまるで守るようにほぼ球状の構造を作り、総じてC_2のスワンバンドに由来する色として緑色に輝く。一方、揮発性成分の蒸発に伴って一緒に放出される塵は太陽の光をそのまま反射する。ガスのような輝線ではなく連続光成分である。尾をつくるような小さなサイズのものほど量が多く、初期には核から放出される方向がジェットによって絞られたりして、異方性を持ちつつも、核周囲にしばらくは漂いながら、コマの明るさに寄与する。

やがて時間がたつと太陽光圧の影響で次第に核を離れ、尾をつくっていくことは第4章で説明した通りである。通常、彗星の明るさはこれらのガスや塵の量によって決まるのだが、かなり大きな彗星だと尾も発達して、明るくなってくるため、その明るさを彗星の明るさの勘定に入れなくてはならない、という話もある。ただ、そんなケースはきわめて稀なので、通常は核周囲のコマの明るさまでを彗星の明るさと考えることが多い。

天文学で用いられる彗星の明るさは、全光度と核光度に分けられる。全光度は読んで字の如く彗星のコマを含めた全体の明るさである。ほとんどの彗星は尾がなく、暗いので、天体望遠鏡の視野の中にすっぽり収まってしまう。そして視野の中にある恒星の明るさと比較して、彗星の明るさを見積もるのだが、雲状の彗星を点像を持つ恒星と比較するのはなかなか難しい。いまではデジタル撮影技術により、周囲の恒星の光量と比較することが容易にできるようになっている（かつて、こうした装置や測定ソフトはプロの天文学者だけが使っていたが、最近は高精度で安価な機器が容易に使えるようになって、データをＰＣなどで処理できれば、問題なく明るさを算出することができるようになっている。ここでは紙幅の関係で、そうした部類の観測データ解析についての詳述は控えよう）。まぁ、それでも自分の目で双眼鏡や望遠鏡で彗星を眺められたら、その美しさに浸るだけでなく、まわりの恒星と比較して、自ら目で全光度を見積もってみるのもフィールドワークの一環でおもしろいので、やってみて欲しい。

一方、核光度というのは、コマなどの放出物を除いた明るさである。太陽から遠方の彗星の場合は、彗星活動はそれほど活発ではない。そのため、放出物が周囲になく、核がそのままむき出しの状態で太陽光を反射していることになるので、全光度と核光度は基本的には一致する。しかし、太陽に近づくとほとんどの彗星は彗星活動で放出されたガスや塵が核を厚く覆ってしまい、直接には見えなくなる。こうした状況は天文学的には「光学的に厚い」状況という。コマが厚くなって核が見えなくなるのである。まるで霧が濃くなって、その向こう側が見えなくなるのと同じである。したがって、こういう状況の場合は核光度というのはあまり意味を持たない。かつては核を覆っている光学的に厚い領域、しばしば中央集光部といったりするが、その領域の明るさを核光度としていたが、あまり正しいものとはいえない。しかし、(仮に邪魔なモノがないとしたとき)核がどの程度の明るさになるかという目安としては役立つので、いまでも彗星の位置推算では算出される値である。ちなみに英語では全光度は Total Magnitude、核光度は Nucleus Magnitude である。

いずれにしても彗星の明るさを決める主要因は彗星核の大きさ(放出量の多さ)であるが、その明るさには第四章で紹介したように彗星との距離が左右する。太陽、そして地球との距離が絡んでくるのである。

6.2 彗星の明るさの距離依存性1 ─地球との距離─

まずは簡単に理解できるのは、我々観察する人間がいる地球と彗星との距離による明るさの変化だ。彗星そのものの活動度が同じで組成も同じなら、地球との距離が近い方が見かけの明るさは明るくなる。受け取る光の量は距離の2乗に反比例するので、彗星が地球から10倍遠ければ、百倍暗くなる。つまり5等級暗くなるのだ。恒星の場合も遠ければ遠いほど暗く見える。恒星の場合は10パーセク（32・6光年）に置いたときに明るさを絶対等級と定義しているのだが、彗星の場合は太陽からも地球からも1天文単位（太陽〜地球間の平均距離で、約1億5千万キロメートル）にあるときの明るさを絶対等級と定義している。彗星の絶対等級はMAGNITUDEの頭文字を使ってmとしたり、伝統的にHとしたりすることが多い。この絶対等級こそが、彗星の元々の大きさや明るさを示す一つの指標となる。この値が小さければ小さいほど明るい彗星ということになる（天体の等級は数値が小さいほど明るい。1等星は6等星の100倍の明るさとなる）。表6-1には、これまで人類が目撃した彗星で、その明るさを計測し、軌道がある程度判明して絶対等級が算出できた明るい彗星のベスト10を列挙している。ちなみに周期彗星の中で毎回の回帰のたびに古記録に残されるほど明るいハレー彗星でも、その絶対等級は5・5等程度なので、これらのリストの彗星たちがいかに明るいかがわかるだろう。この絶対等級Hがいったん決まれば、地球との距離による見かけの明るさmは単純に逆二乗法則で、

$$m = H + 5 \log r$$

logは常用対数でΔが地心距離（天文単位）である。Δが1天文単位なら絶対等級と見かけの等級が同じになる。Δが10天文単位だとlogΔの項は1となり、m＝m＋5となって、彗星のみかけの明るさmは5等級暗くなることが、この数式で表せるのである。

表 6-1：絶対等級の明るい彗星のベスト10

名前	近日点距離(au)	絶対等級(等)	実視等級の明るさ(等)
C/1729 P1	4.051	-3	4 ～ 5
C/1995 O1　Hale-Bopp	0.914	-2	-1
C/1577 V1　Great Comet	0.178	0	-7
C/1811 F1　Great Comet	1.035	0	2
C/1743 X1　Great Comet	0.222	0.5	-5
C/1882 R1　Great September Comet	0.008	0.8	-5 ～ -7
C/1402 D1　Great Comet	0.38	1 ?	-5
C/1556 D1　Great Comet	0.491	1	-2
C/1807 R1　Great Comet	0.646	1.6	1 ～ 2
C/1664 W1	1.026	2.4	1

絶対等級が 3 等よりも明るいものを 1000 個近い彗星の中からピックアップした。
ヘール・ボップ彗星（C/1995 01）の絶対等級は飛び抜けているものであることがわかる。

6.3 彗星の明るさの距離依存性2 ―太陽との距離―

さて、次の問題は彗星の太陽からの距離による明るさの依存性である。こちらは地球との距離のように単純ではない。太陽に近づけば、それだけ受け取って反射する太陽光も多くなる。それだけを考えれば単純なはずなのだが、なにしろ太陽の熱エネルギーが彗星活動を左右しているわけだから、太陽に近づけば近づくほど彗星核からの蒸発量が多くなり、彗星核の周囲の物質が多くなる分、余計に明るくなるからである。同じサイズの彗星核であっても、近日点距離が近ければ近いほど立派な彗星になる可能性が高い。太陽に近づけば、尾を長くたなびかせる大彗星になるわけだ。逆に大きな彗星核であっても、太陽から遠方にある時には受け取る太陽放射量は少なくなり、揮発成分がそれほど蒸発しないので、活発な彗星活動を見せず、みかけの明るさもそれほどにならない。その良い例が以前にも紹介した表6-1の人類史上もっとも絶対等級が明るかったとされる彗星C/1729 P1である。その絶対等級は人類が目撃した中でもきわめて大きな彗星であったヘール・ボップ彗星を抜いて、マイナス3等という堂々の第1位である。ところが、この彗星の近日点距離は4天文単位ほどで、木星の軌道より少しだけ内側にやってきただけで、それほど太陽に近づかなかった。そのため見かけの明るさは肉眼で観察できる4等から5等ほどでとどまってしまい、いわゆる大彗星とはならなかったのである。

まずは考えやすいケースから説明しよう。日心距離により、受け取る太陽の光の量がちがってくるわけだが、小惑星のように揮発成分を持たず、太陽の光をそのまま反射している天体の場合、太陽に近いほど太陽光は強くなり、それだけ反射する光も強く、明るくなる。その割合は、やは

り逆二乗の法則となるので、

$$m = H + 5 \log r$$

log は常用対数で r が日心距離（天文単位）である。r が1天文単位なら絶対等級とみかけの等級が同じになる。地心距離の場合と同様に r が10天文単位だと log r の項は1となり、m＝m＋5となって、小惑星のみかけの明るさ m は5等級暗くなることが、この数式で表せるのである。ところで、小惑星のような有限の形状を持つ天体の場合、太陽と地球との位置関係で影ができる。難しい言葉でいえば「位相効果」である。わかりやすくいえば、月の満ち欠けを連想してもらえばよい。太陽と地球、そして彗星の位置関係によって、彗星の明るさを決める塵のような固体成分は必ず満ち欠けする。そのため、満月状態で眺めているか、半月状態で眺めているかで、その明るさに影響が出るわけである。ちなみにガスの場合は、それほど位相効果はほとんどない。実際にはそのような要素もしっかりと考慮し、このような光度式に位相の項を入れ込むのだが、ここでは単純化のため考えないことにしよう。

さて、彗星の場合は、先に紹介したように単純に太陽の距離によって反射する光の量が変化するだけではなく、彗星核からの蒸発量が増えるために、先に示した光度式の第二項が変わってくる。もし、彗星核からの蒸発量が単純に太陽光の量に比例すると考えると、10天文単位から1天文単位に近づいた時、彗星核からの蒸発量は100倍となる。そうすると、100倍に明るい光を100倍の量の物質で反射して輝くことになり、最終的には100×100で、1万倍

の明るさになるわけである。これを式で表すと、第二項の係数は10になる。つまり、

$$m = H + 10 \log r$$

しかし、実際にはそれほど単純ではない。彗星が太陽に近づいてきても、氷が太陽から受け取る熱に比例して融けるとは限らない。実際に水の氷が蒸発してくるのは小惑星帯のあたりを過ぎた頃からだし、それより遠方だと他の成分の挙動が彗星の明るさを左右する。さらには彗星表面には断熱性能が良いダストマントルが覆っていることが多いので、彗星核の表面から内部への熱エネルギーの輸送など、きわめて複雑な要因が絡むことになる。そのため彗星によって明るさの日心距離依存性は大きく異なってくる。そのため、この日心距離依存性の項の係数を通常はフリーパラメーターとして、

$$m = H + 2.5n \log r$$

とすることが多い。ここで n が彗星の日心距離依存性を決める値となり、先ほどの単純な例、つまり小惑星のように放出物がないようなケースだと n ＝ 2、一方、放出物の量が受け取る太陽エネルギーに比例するケースだと n ＝ 4となる。これに地心距離依存性の項目をあわせて、

$$m = H + 2.5n \log r + 5 \log \Delta$$

が、一般的な彗星の光度式である。で、この日心距離依存性 n の値が大きければ大きいほど、彗星は太陽に近づくほど急激に明るくなり、小さければ小さいほど（原理的には2よりも小さくなることはないはずなのだが、実際にはそんな例が存在することは後述する）、太陽に近づいてもそれほど明るくならないわけである。

では、実際はどうなっているのか。n の値は実にばらばらなのだ。例えば短周期の黄道彗星の場合は、遠方ではほとんど活動しないせいで、近日点に近づくと急激に彗星活動が活発になり、急激に明るくなる。黄道彗星の一つ、エンケ彗星などは近日点へ近づくとき n ＝ 10 という値を示し、その後、近日点通過前後は、やや緩やかになって、n ＝ 3 程度となる。その後、離れていくときは再び急速に暗くなり、そのときの係数は n ＝ 6 である。おそらく、こうした振る舞いは何度も太陽に近づいているために、太陽から遠方でも蒸発するような揮発性の高い一酸化炭素や二酸化炭素などの氷がほとんど残っておらず、主成分の水の氷も彗星核内部の奥深くに残っているだけで、太陽に近づかないと太陽熱が奥まで達しないせいだろう。ハレー型彗星の一つで2024年に接近した12P/ポンス・ブルックス彗星の場合は、何度か大きなバーストをしたりして奇妙な光度変化を示したのだが、全体的にはかなり遠方から活動していたためか n ＝ 5 程度の値を示している。

一方、オールトの雲彗星の場合は黄道彗星とはかなり違った挙動を示す。遠方でも徐々に明るさが増していき、その変化は n ＝ 3 から n ＝ 4 程度のことが多い。かつて筆者は20個ほどのオールトの雲彗星で調べたことがあるが、平均値としては n ＝ 3.6 であった。1997年に勇姿を見せた、あの巨大なヘール・ボップ彗星でも、太陽から遠い場所では8という大きな値だったが、通常の活動範囲では3から5というきわめて穏やかな値で推移した。初めてやってくる、あるいはせいぜい過去に一度程度しか太陽熱に晒されたことがない彗星ゆえ、その核には大量に揮発性物質が残されており、遠方から揮発性の高い成分から順番に蒸発していくこと、それが水の氷が蒸発するような内部領域まで続くこと、さらに表面近くにもまだまだ揮発性成分が存在しているであろうことなどを考えれば、平均値として4に近い値になるのは納得できるところだ。

6.4 彗星の明るさの予測がはずれない例

さて、こうした状況で、彗星の明るさを予測するわけだが、もちろんすべての彗星の予測がはずれるわけではない。むしろ、過去に何度も観測されているような短周期の黄道彗星の場合は、予測がかなり正確にできることが多い。過去にどのような位置条件で、どんな見え方や振る舞いをしたのかというデータが集積されているからである。いわば、初対面の相手ではなく、何度も会うことで、その人の性格がわかってくるのと同じである。例えばハレー彗星などは、その典型例で、もともとが絶対等級も明るい彗星なだけに、ハレーによって周期性が見いだされ、過去まで遡って同定されるようになった。それだけに2061年の回帰でも、期待を裏切ることなく、大彗星として夜空を飾ることは自信を持って予測できる。2061年の回帰条件は北半球中緯度からはきわめて位置関係が良いため、特に8月の上旬、夏休みの頃に宵の西空、宵の明星の上に輝き、まっすぐに尾を立てて現れるだろう。太陽に近づく近日点は7月下旬で、そのまま地球にも近づいてくるので、明るさは1等星を超える、と予想されている。この明るさ予想は、まずはずれることはない。

また、周期彗星の二番目として登録されている2P/エンケ彗星も、期待を裏切ることはない彗星の一つである。周期が3・3ときわめて短いため、遠日点付近でも大望遠鏡でなら観測ができるほどである。1786年の発見以来、すでに70回以上も太陽に回帰しているので、おそらくかなり枯渇し始めているせいか、18世紀に比べてずいぶんと暗くなってきたとされている一方、また近日点前後だけ彗星活動が急激に活発になるという黄道彗星特有の明るさ変化を毎回、見せてくれる。例として、観測条件が似ていた2017年と2023年の光度変化のグラフを図6-1に示す。微妙な差はあるものの、どちらもn＝10という値で近日点前から明るさが急上昇しているのがわかる。いずれにしろ、黄道彗星は、こうしたデータの蓄積から、予想がかなり安心してできる。

ただ、こうした黄道彗星であっても、従来と異なる振る舞いを示すことがしばしばある。突然、放出量が急増して明るくなるアウトバーストを起こしたり、あるいは分裂・崩壊したりすることがあるからだ。それらについては後述するが、その意味で「彗星の明るさの予測に絶対はない」と断言してよいだろう。

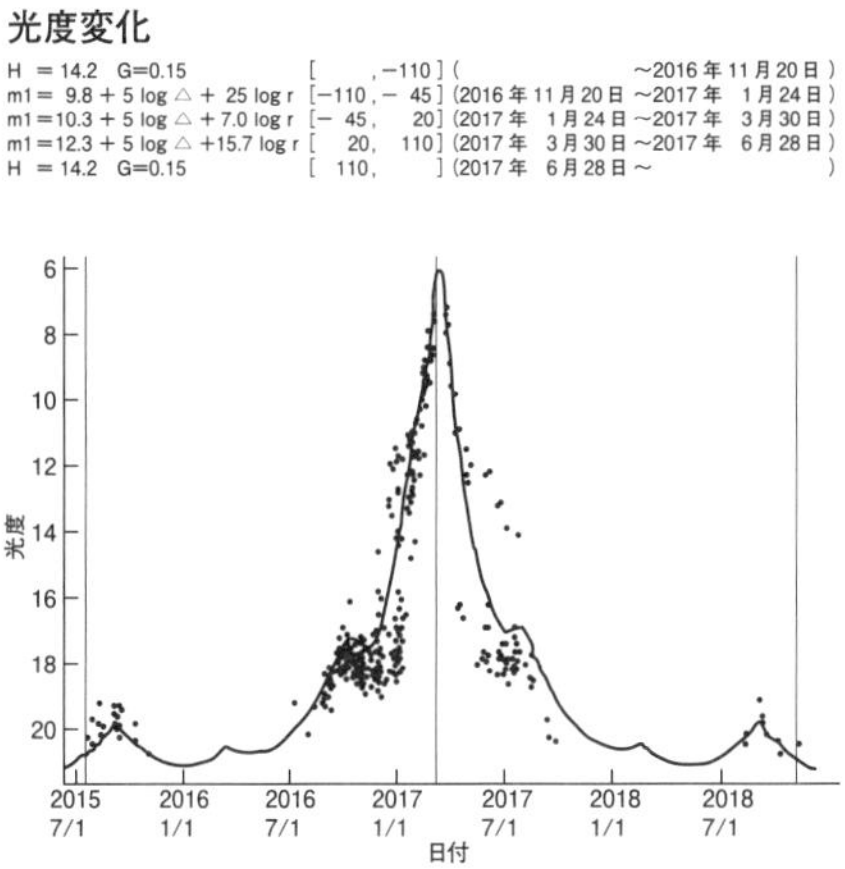

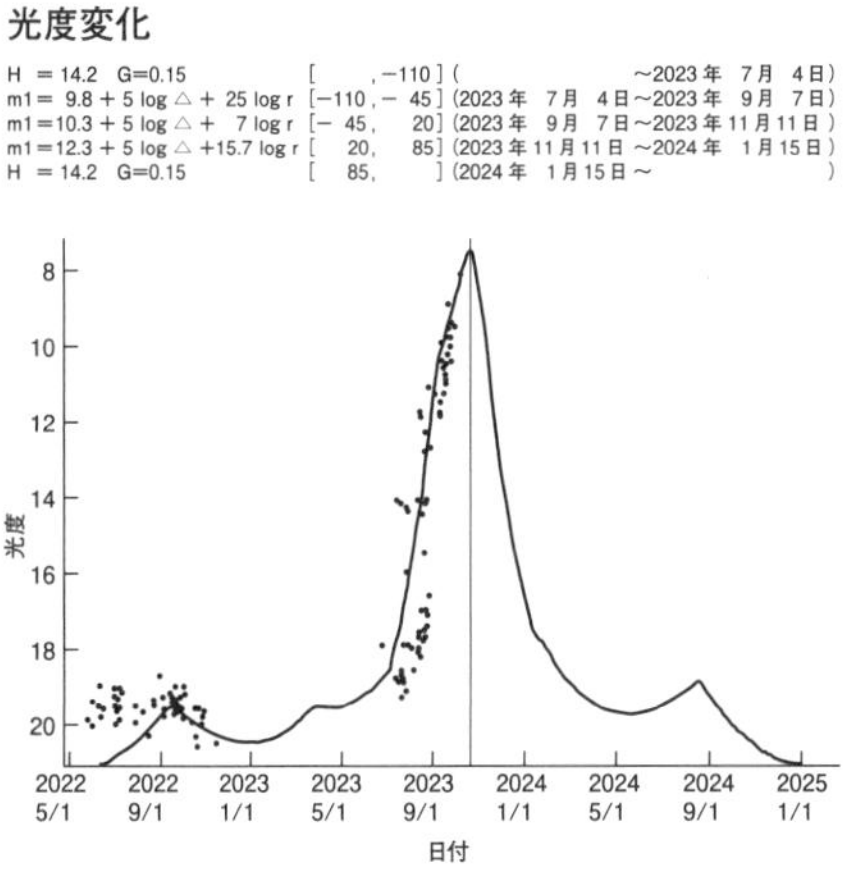

図6-1：2017年と2023年の2P/エンケ彗星の光度変化。近日点前後の振る舞いはよく似ていることがわかる。フィットさせた線に微妙な差があるのは地球との距離の違いによる。（提供：吉田誠一氏）

6.5 彗星の明るさの予測がはずれる例 その1 ―日心距離依存性急変型―

では、新しく発見された彗星の場合、その明るさの予測はどのようにされるのかだろうか。そして、それがなぜ予測通りにいかないことがあるのか、その理由がどのように考えられているか、代表的な例を紹介してみよう。

まずは、1990年に大彗星になると騒がれながらも、実際にはそれほどの明るさにはならなかったオースチン彗星である。この彗星は1989年12月にニュージーランド在住のアマチュア天文家ロドニー・オースチンによって発見された。発見時には、日本からは見えない南天のきょしちょう座に11等級で輝いていた。その後の軌道計算の結果、その発見時には、まだ火星の外側、太陽から2・4天文単位と、かなり遠方であったことがわかった。地球からも遠く、2天文単位以上はあった。そのような状況下で11等というのは、かなりの大物であることは間違いがなかった。絶対等級では5等級を超える、つまりハレー彗星よりも大物であると思われた。さらに期待されたのは、この彗星が近日点を通過する4月10日には、水星軌道の内側に入り込み、太陽に0・35天文単位にまで近づくことである。絶対等級の大きな彗星が、これだけ太陽に近づけば、明るくなると予想される。この時点で、楽観的な予想ではマイナス3等になるとされたのである。さらに幸運なことに、太陽から遠ざかる途中、5月25日には地球に0・25天文単位にまで接近する条件だった。近日点通過後から地球接近までは、北天に見えているので、日本を含む北半球では観測条件も良かった。長い尾を伸ばす華麗な姿が見えるのでは、と期待されたのである。

図 6-2：オースチン彗星 C/1989 X1　マイナス等級の大彗星になるのではと予想されたが、近日点通過の 2 ヶ月前ほどから光度変化は予報と異なる様相を見せ、増光が鈍り結果は 5 等級だった。1990 年 4 月 25 日撮影（撮影：津村光則）

図 6-3：ベネット彗星 C/1969 Y1
南アフリカのアマチュア天文家、J.C. ベネット氏が 1969 年 12 月 28 日に 8.5 等級の明るさで発見。翌年 3 月 20 日に近日点を通過、頭部のコマの部分が－3 等級に輝き、約 20 度の緩やかなダストの尾を夜明け前の東の空に見せた。（撮影：藤井 旭）

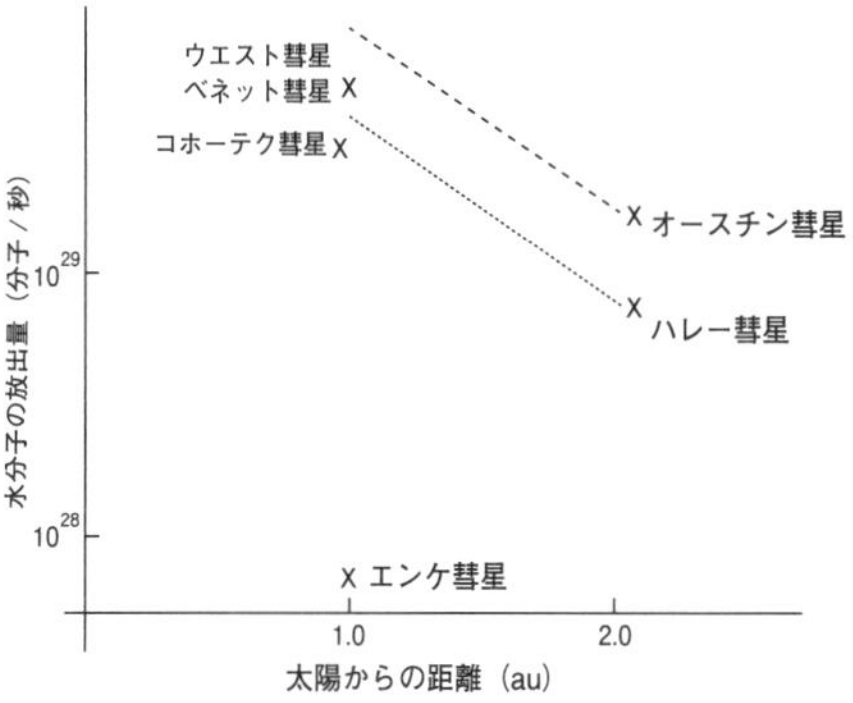

図6-4：水分子放出量の比較。横軸は日心距離。縦軸が水分子放出量。発見直後の国際紫外線天文衛星IUEの観測から得られたオースチン彗星の単位時間あたりの水分子放出量は、ハレー彗星の2倍であり、このまま太陽に近づいて放出量が順調に増えれば、20世紀の彗星であるウエスト彗星やベネット彗星を上回ると予想された。

それをさらに盛り上げたのは、国際紫外線天文衛星IUEによる観測結果だった。紫外線では、水素が放つ光であるライマンα線という輝線が観測できるのだが、この光の量を測定すると、水素の量がわかり、そのもとになっている水分子の量の放出量が推定できる。すると驚くべきことに、火星軌道より外側にもかかわらず、水分子の放出量がハレー彗星の倍もあったのである。図6-4のグラフからわかるように、このまま推移すれば、20世紀後半できわめて明るくなった大彗星であるウエスト彗星やベネット彗星を上回る大彗星になるとされたのである。

そのときの光度変化の日心距離依存性パラメータnは5・3と平均を超えていた。通常のオールトの雲彗星よりもやや大きい値ではあったが、それほど極端ではなかった。オールトの雲彗星の光度の依存性を調べたときのちょうど1シグマ、つまり統計的には光度上昇率が平均前後の値の68%の範囲に入るかどうか、というものだった。

当時は新しい彗星が発見されると、その明るさと日心距離から、単純にn＝4として未来の予測をすることが多かったが、すでに観測が集まっていたため、その初期の光度の上昇率がわかったので、この5・3を採用して、近日点通過時の明るさを見積もっても、マイナス2等程度になると予測されたのである。ちょうど地心距離も1天文単位ほどなので、この値がそのままみかけの明るさになると予想され、かなり期待されたわけである。

大彗星が来るたびに彗星の理解は進む。それだけさまざまな観測装置が改良され、いままで見えなかったことがいろいろ見えてくるからだ。大彗星になれば、塵の尾を発達させることが期待される。地球に接近する前後には、うまくいけば夜空の半分にも達するような塵の尾が現れる可能性もあると指摘された。彗星研究には願ってもないチャンスだっただけでなく、ハレー彗星が去ってしまい、寂しくなった天文界にいわば旋風を巻き起こすことになった。ゴールデンウィーク前ということもあって、マスコミがこぞって取り上げだし、月刊の天文雑誌は発売数日で完売、望遠鏡や双眼鏡はハレー彗星以来の売行きを見せたという。天文雑誌の中にも「オースチン彗星セール」とか、「彗星撮影向けレンズ発売」とかといった文言が並び、まさに期待感あふれた状況だった。さらには5月のゴールデンウィーク中には「オースチン彗星観測バスツアー」なるものも発売されていた。しかし、この企画の催行会社は、実によく心得ていたもので、そのツアーの宣伝の下に小さい文字で「彗星が予想に反し、明るくならなかった場合は、宴会などで盛り上

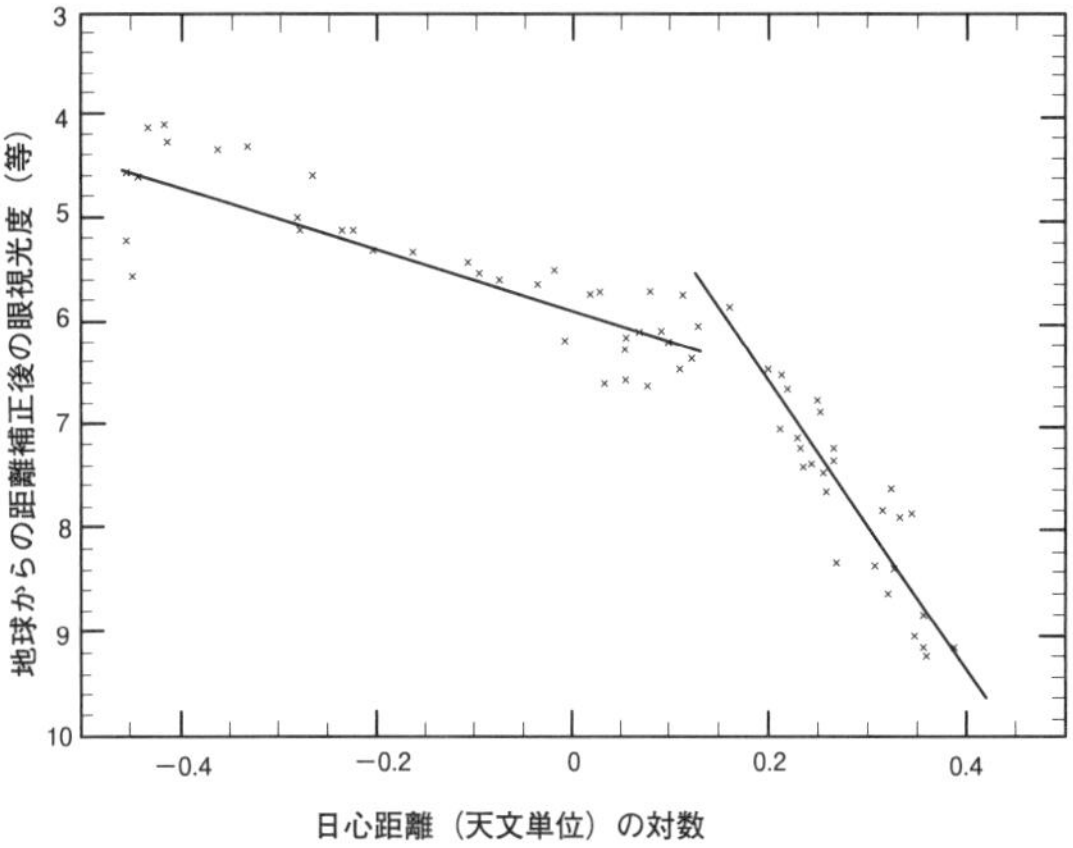

図 6-5：オースチン彗星の明るさの変化。横軸は日心距離、縦軸は地心距離を補正した後の明るさ。

がる予定です」と書かれていた。

そして、おそらくは宴会で盛り上がらざるを得なかったのではないかと思う事態になった。このオースチン彗星はまったく予想を裏切ってしまったからである。近日点通過の2ヶ月くらい前から、オースチン彗星の明るさはほとんど上がらなくなったのだ。発見前後のnが5を超える光度上昇率は、1.5天文単位あたりを切ったあたりから急に鈍ってしまい、なんとn＝1.1という前代未聞の値となった。これは小惑星が太陽に近づくときのn＝2よりも小さく、通常では考えられない値である。つまり、太陽に近づくにつれ、彗星活動としての物質放出がどんどん鈍っていき、太陽光を反射する塵やガスの量が先細っていったとしか考えられないのである。初期の光度変化から予想される近日点での明るさはマイナス2等程度だったが、この上昇率を採用すると4等級から5等級となった。そして実際にオースチン彗星は、肉眼で見えるかどうかというと明るさのままで近日点を通過し、大彗星は幻に終わったのである。

このオースチン彗星の日心距離依存性の急変は、オールトの雲彗星の中でも際立っていたのだが、これはどう考えればよいのだろうか。いくつかの説があるが、ここでは筆者のグループが考えている説を紹介したい。オールトの雲彗星は、太陽に近づくのは初めてのものが多いと考えられる。つまり太陽系初期に微惑星となった時分の成分をそのまま保持している。そして表面も（太陽に近づいたことがないゆえに）熱を浴びて変質したことがほとんどないだろう。こういう状況では、彗星核の表面にも内部にもほぼ均質に揮発性物質が存在していると考えられる。すると、表面の揮発性が高い氷は太陽の熱を浴び始めると盛んに蒸発し始める。まずは窒素、そして一酸化炭素や二酸化炭素の氷である。これこそが、遠方で彗星活動をする理由である。そして、水の氷が蒸発を始める火星軌道あたりで発見され、その蒸発量も半端ではなかったわけである。だが、そこで蒸発してくるのは彗星の核の表面付近の氷である。表面にもまだまだフレッシュな水の氷が存在していて、それがどんどん融けていくわけだが、ある程度、水の氷も表面付近から失われてしまうと、そこに残されるのは塵や砂粒でできた殻である。これをダストマントルと呼ぶ。このダストマントルは、いわば断熱材の役割を果たし、太陽熱が内部にしみこむのを防ぐ。実際、探査機が近づいて観測した短周期彗星の表面は、ほとんど氷はなく、厚いダストマントルに覆われていることがわかっている。太陽に近づくにつれ、ダストマントルが急速に発達し

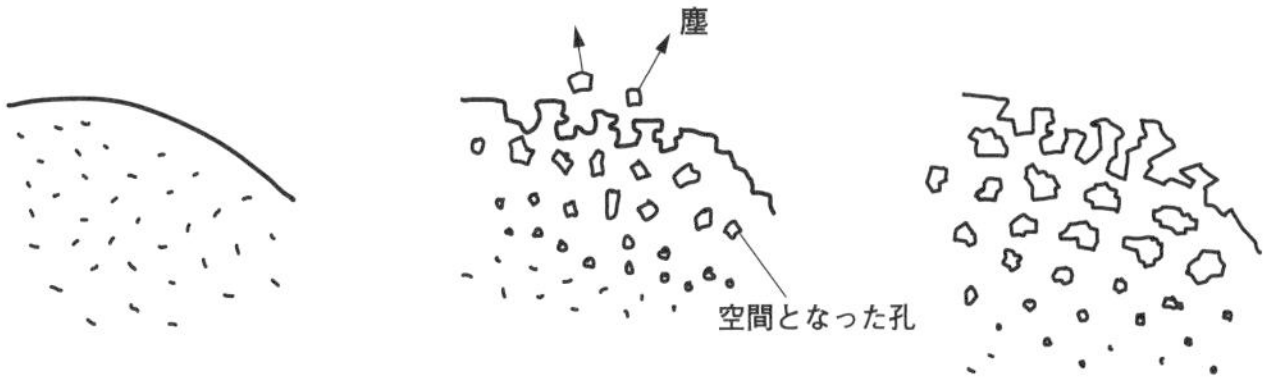

図 6-6：水ではなく、二酸化炭素など水よりも揮発性の強い物質の蒸発で形成されるポーラスなダストマントルの様子。

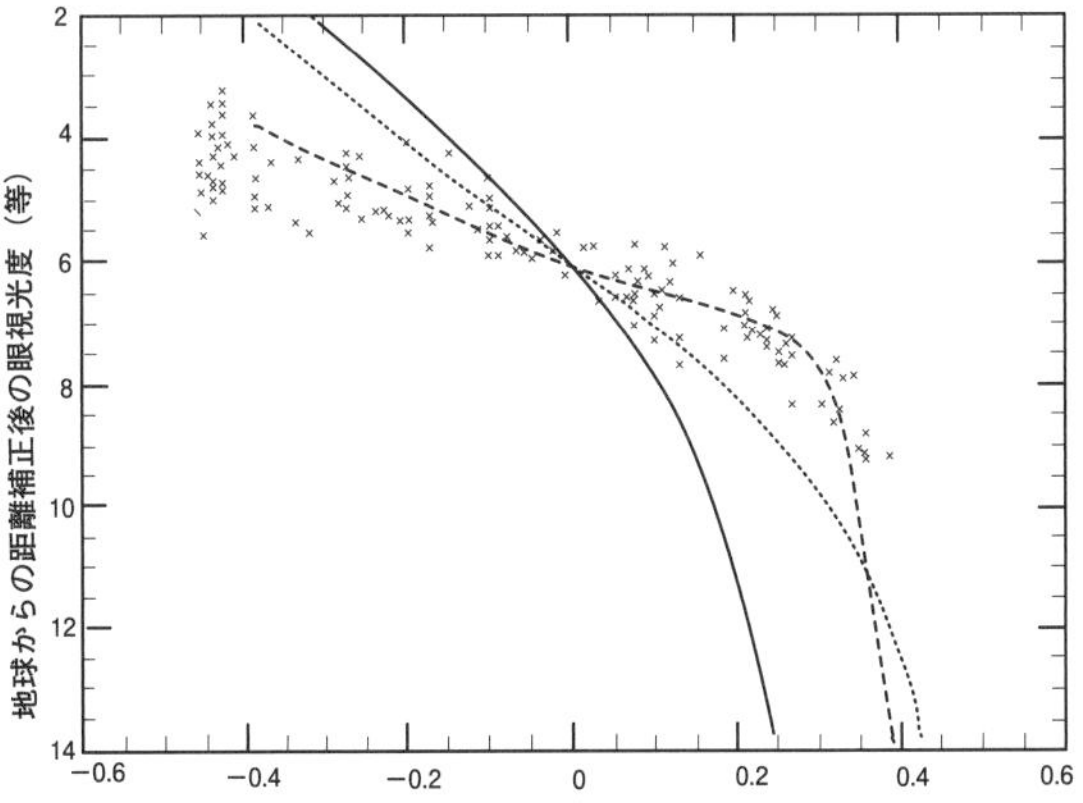

図 6-7：オースチン彗星の近日点通過前の光度観測データといくつかのモデル計算から予測される高度変化の比較。すべて 1 天文単位でスケーリングしている。実線、点線、破線がそれぞれ純粋氷の蒸発平衡モデル。定常マントルモデル、マントル発達モデル。非定常のマントル発達モデルがよく合うことがわかる。（長谷川・渡部 1992）

て、彗星内部からの蒸発を抑えてしまったのではないか、と考えられるのだ。

このダストマントルモデルは、もともとコア・マントルモデルと呼ばれており、オースチン彗星と同じように予想を裏切って暗かったコホーテク彗星の光度変化を説明するために、1997年にメンディスとブリンによって提案されたものだ。我々の研究グループでも、このモデルをオースチン彗星の明るさの変化に応用したところ、図6-7に示したように、その再現に成功している。

もちろん、ダストマントルだけですべて説明できるわけではないのだが、このモデルには傍証もある。一つがオースチン彗星の核近傍でとらえられたガスの異方性である。黄道彗星ではもともとダストマントルが発達して、しばしばその弱いところから内部の物質がジェットとして放出されることがある。こういう場所を活動領域と呼ぶが、ダストマントルの発達によって、おそらくオールトの雲彗星の核の表面にも活動領域も生まれてくるようになると考えられる。すると、そこから内部のガスや塵が噴き出すようになって、核近傍を観察すると、ジェットのような異方性が見えるのではないか、と考えられる。ただ、一方で、こういった堅いダストマントルができるには、何度も太陽を周回しないと無理ではないか、という考え方もある。ともかく、オースチン彗星の核近傍で、鈴木文二氏らによってC_2ガスのまだら模様が検出されたのだ。オールトの雲の彗星としては、おそらく世界で初めてのガスジェットの検出ではないか、と思うのだが、これも急速にダストマントルが発達した証拠といえるだろう。

6.6 彗星の明るさの予測がはずれる例 その2 ―分裂・崩壊型―

彗星核はしばしば分裂したり、崩壊したりすることがある。もともと彗星核はきわめて脆いと言われている。例えば、1994年に木星に衝突して消失したシューメーカー・レビー第9彗星が好例である。この彗星は、1993年3月にアメリカのパロマー山天文台で発見されたのだが、当初からすでに20個ほどの核に分裂し、それらが並んで動いているというきわめてめずらしいものだった。観測が進み、その軌道が決まると、どうやら木星のまわりを回る軌道に入っており、発見前に木星に接近していたことがわかった。おそらく、この接近時に木星の強力な潮汐力で分裂したと考えられる。とはいっても一枚岩のような堅い天体だったら、いくら木星でも潮汐力で壊すことはできない。そこで、様々にシミュレーションをしてみると、彗星核の大きさにも依存するが、新雪を雪合戦で使う雪玉にして固めたような堅さしかないとされたのだ。彗星核の密度が氷の密度よりも小さく、壊れやすいというのは常識になっている。この彗星の分裂前の姿が、どこかに撮影されているのではないか、と探った研究者もおり、逆算した軌道の位置推算から、当該の観測乾板を見いだしたものの、おそらく限界等級を下回っていたのだろう、そこに分裂前の姿を確認することはできなかった。シューメーカー・レビー第9彗星は、分裂した際に、大量の塵が一気に放出され、太陽光を反射する面積が増えたために明るくなって発見されたのである。

つまり彗星核が分裂したり、崩壊したりすると、それまで保っていた明るさは急激に変化する。それには明るくなるケースと、暗くなるケースとがある。分裂しても、分裂破片それぞれがかな

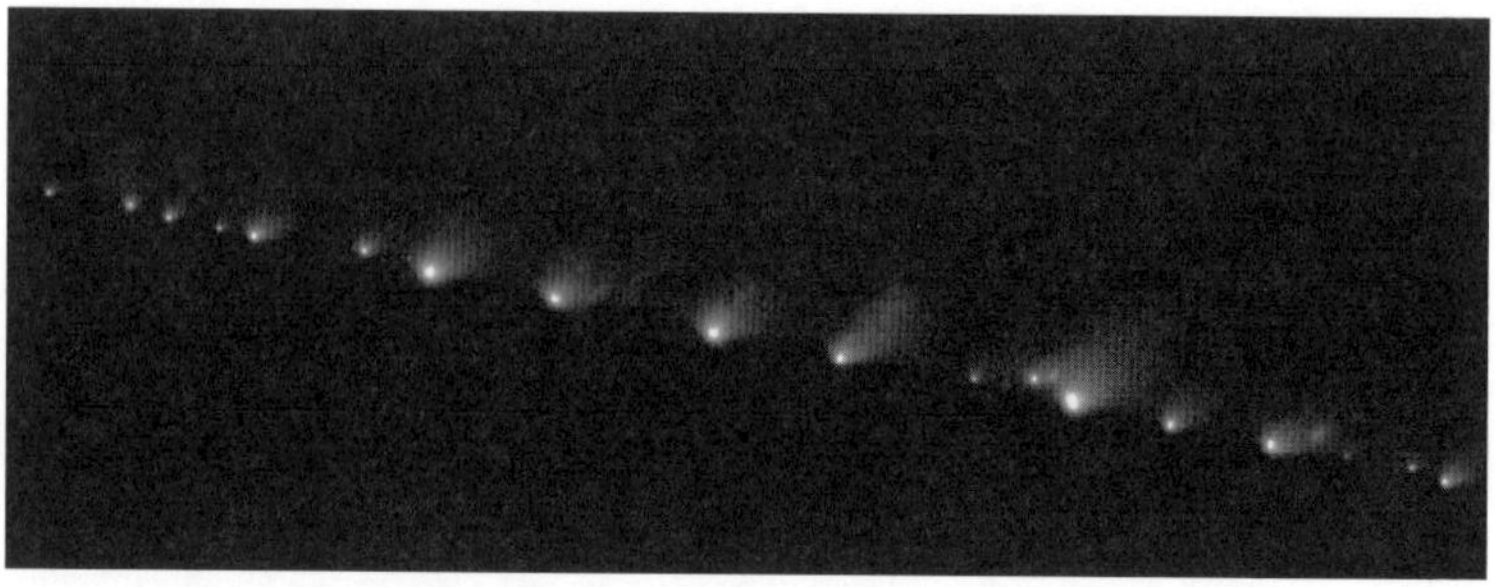

図 6-8：木星衝突の約２ヶ月前に撮影されたシューメーカー・レビー第９彗星。彗星が発見される１年前の 1992 年に、木星に接近した際に受けた重力で彗星核が分裂した。（提供：Dr. Hal Weaver and T.Ed Smith（STScI）,and NASA）

り大きい場合は、それぞれが独立した彗星となり、太陽からの光を浴びる面積もトータルで増加し、ガスや塵の放出量も全体として増えるため、一時的に明るくなるのである。一方、分裂した破片がどれも小さい場合には、すぐにガスや塵を出し切ってしまい、放出量が激減してしまうために、明るさはしばらく横ばいになった後、塵やガスが雲散霧消すると同時に急激に暗くなっていく。

前者の例では20世紀にもっとも美しい塵の尾を見せたウエスト彗星や、1995年に多くの破片に分裂しつつ、まだ現在もいくつかの核が独立して彗星活動をしているシュバスマン・バハマン第3彗星がある。後者の例では2013年に太陽に近づいて崩壊したアイソン彗星、そして2020年にやはり大彗星になると噂されながら、分裂崩壊したアトラス彗星が、その代表だろう。

まずはウエスト彗星の例を紹介しよう。この彗星はリチャード・ウエストという天文学者が、南米チリにあるヨーロッパ南天天文台の口径1メートルシュミット望遠鏡で、南天の星図作成のために撮影された乾板を精査しているときに発見したものだ。そのときの明るさは14等前後で、尾も見られた。その後の軌道計算によって、この彗星は発見時、まだ火星と木星の軌道の間あたりとかなり遠方であることがわかった。つまりそこそこに大型の彗星である可能性が高かった。しかも、翌年2月25日の近日点通過時には、0・20天文単位の距離まで太陽に近づくという条件が揃っていた。ただ、当初はそれほど注目されていなかった。発見が南天だったので、日本からは観測できなかったし、発見後も太陽に近づき、南天からも見にくかった。さらに大きかったのが、3年ほど前に出現し、大彗星になると言われながらも、ダストマントルを発達させたせいか、期待を裏切ったコホーテク彗星の存在がある。ウエスト彗星とコホーテク彗星は近日点距離や振る舞いもよく似ており、おそらく天文ファンも期待しなかったため、マスコミ報道もほとんどされなかった。

ところが、異変は起きた。近日点を通過した直後の1976年3月初めあたりから妙な報告が入り始めた。飛行機のパイロットや、早朝に働く人々から、東の空にきらきらと輝く不思議な細い雲か、煙のようなものがたちのぼっている、という報告が相次いだのだ。当時、一部の天文マニアは、コホーテク彗星の例にめげずに、東の空から上ってくる彗星を見ようとしていたが、そういった彗星を見慣れた人たちでさえ、ほとんどが「妙な雲がのぼってくるなぁ」と思って眺めていたらしい。それが高度を上げるにつれて、彗星の尾であることがわかると、あまりの見事さに言葉を失ったという。なにしろ、塵の尾の長さは30度、満月の大きさの60個分にも達し、その幅も末端では10度以上もある美しい大きな扇型を為しており、その輝きは薄雲を通しても充分に眺められるほどだった。イギリスの天文学者ディビッド・ヒューズの研究で

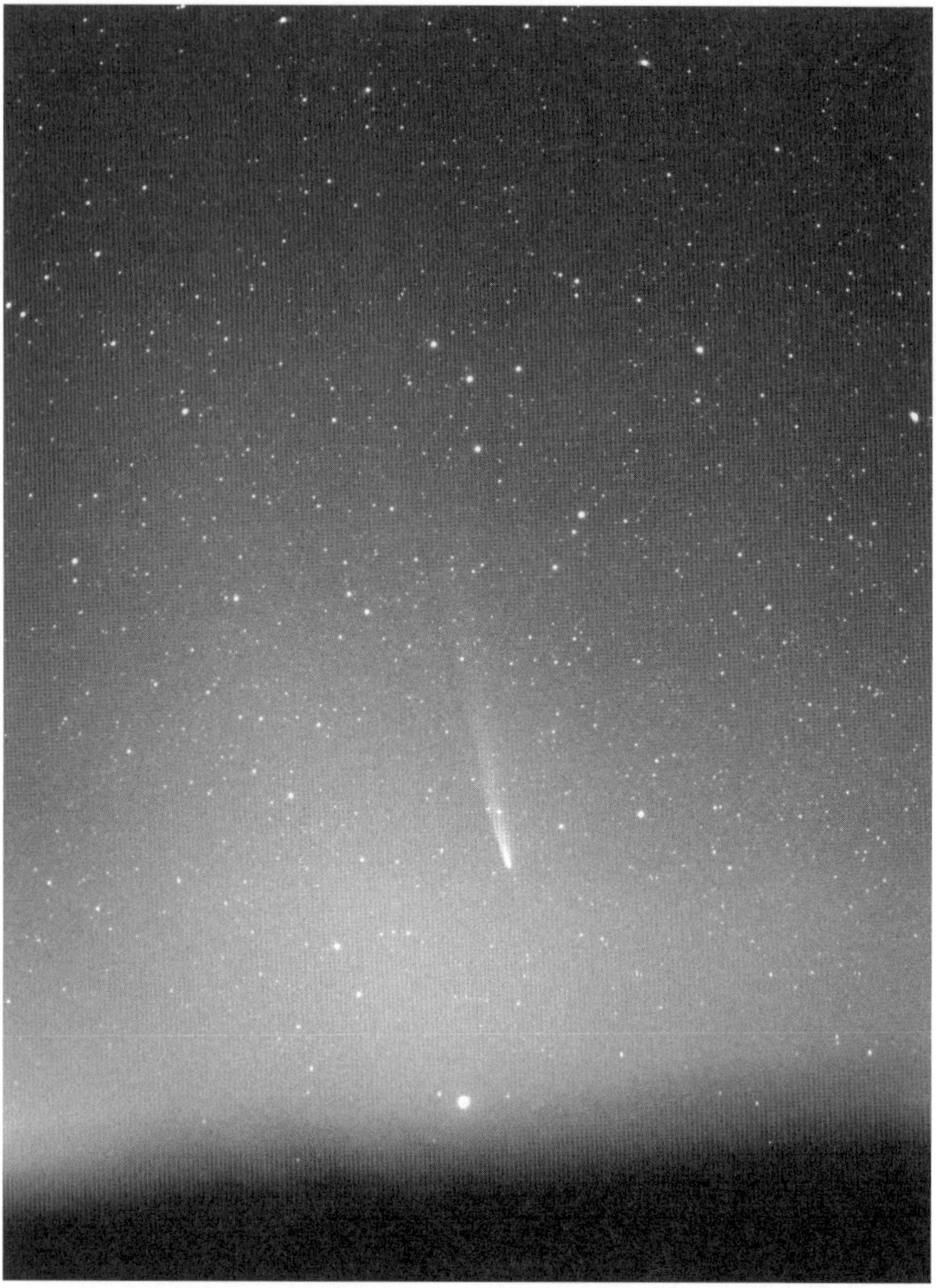

図 6-9：コホーテク彗星 C/1973 E1
1973 年に発見されたコホーテク彗星は、1974 年 1 月、夕空に 7 度ほどの尾を引いた姿として観測された。近日点を通過するときにマイナス等級に達する大彗星になると予想されたものの、実際はあまり明るくならかなかった。（撮影：藤井 旭）

は、ウエスト彗星は今世紀に出現した大彗星の中では、みかけの明るさで第4位とされている。しかし、写真や観測記録から判断すると、今世紀の彗星の中では尾の見え方は最も美しかったのではないか、と思われる。

ウエスト彗星がこれだけの大彗星になったのは、彗星核そのものが大きかったことに加えて、太陽に近づいた前後に塵の放出量が異常に増加したことが原因だ。しばらく、その原因は謎だったが、その後の彗星の中心部に少なくとも四つの核らしきものが観測されたのである。つまり、大きな彗星核が分裂し、その際に大量の塵を放出したのである。大きな彗星核が分裂すると、単純に表面積が増えるだけではなく、彗星核の奥深くにかくれていたフレッシュな揮発性物質の氷が露出して急激に蒸発するために、爆発的に大量のガスや塵が放出される。ウエスト彗星の場合も、太陽の熱を受けた彗星核が耐えきれずに分裂して、それに伴って多量の塵が放出されたわけである。おそらく四つの核は、それぞれがまだ消失するほど小さいものではなく、もし次に太陽に近づくなら、それぞれが独立の彗星として回帰するに違いない。ただ、ウエスト彗星の太陽接近後の軌道は弱い双曲線を描いているため、再び太陽に帰ってくることはない。いずれ、太陽系外の星間空間を旅する運命である。

ウエスト彗星はオールトの雲彗星であるが、同じように分裂し、明るくなって、破片が彗星として活動している黄道彗星の例としては、シュバスマン・バハマン第3彗星（73P/Schwassmann-Wachmann）がある。この彗星はもともと1930年5月にドイツ・ハンブルク天文台のシュバスマンとバハマンによって発見されたものだ。当初、周期彗星として軌道計算されたのだ

図 6-10：ウエスト彗星 C/1975 Y1
1975 年 9 月 4 日、南米チリのヨーロッパ南天文台で、R. ウエスト博士が写真から、14 等級で発見。翌 1976 年 3 月には－2 等級、尾の長さが 30 度に達する大彗星となり、夜明けの東天に姿を見せた。太陽に近づいた時に東部の核が 4 つに分裂、大量の塵が放出され、それが扇方に大きく広がる姿を見せた。（撮影：藤井 旭）

が、その次の回帰予定の1935年には検出されず、その後も7回にわたって観測されなかった。行方不明になってしまったのである。これも記録をよく見てみると、発見時の1930年には核が二つに分裂したと思われる観測記録が残されており、分裂によって明るくなり、発見された可能性が高い。再発見は1979年8月で、オーストラリアのパース天文台で検出されたが、その次の1985年から1986年の回帰ではまた見つからず、1990年の回帰では再度検出された。そして、次の回帰である1995年の10月初めに分裂を起こし、きわめて明るくなったのだ。このとき、彗星核はA、B、C、Dの四つに分裂し、その際に放出された塵やガスによって、それまで12等だった彗星の明るさは一挙に6等にまで上昇し、その差は6等級、つまり250倍程度に明るくなったのである。ちなみに2001年の回帰時にはA、D核はなくなっていたものの、新たにE核が発見された。さらに2006年の回帰ではG核が発見されただけでなく、観測条件が良かったこともあって（2006年4月下旬から5月上旬にかけてばらばらになった彗星核が次々に地球に大接近したからで、5月12日にはC核が地球から0.0783天文単位まで近づいた）、多数の小さい核が発見されている。このとき、活躍していたスピッツァー宇宙望遠鏡が、軌道上に並ぶシュバスマン・バハマン第3彗星の多数の核とダストトレイルを撮影している。

ウエスト彗星もシュバスマン・バハマン第3彗星も、分裂しても核の一部は生き残り、分裂時に一時的に明るくなった例である。一方、分裂というよりも彗星核が崩壊して雲散霧消してしまったケースも散見される。その代表例が2013年に接近し、大彗星になるとされながらも期待を裏切ったアイソン彗星（C/2012 S1）だろう。この彗星は2012年9月に国際科学光学

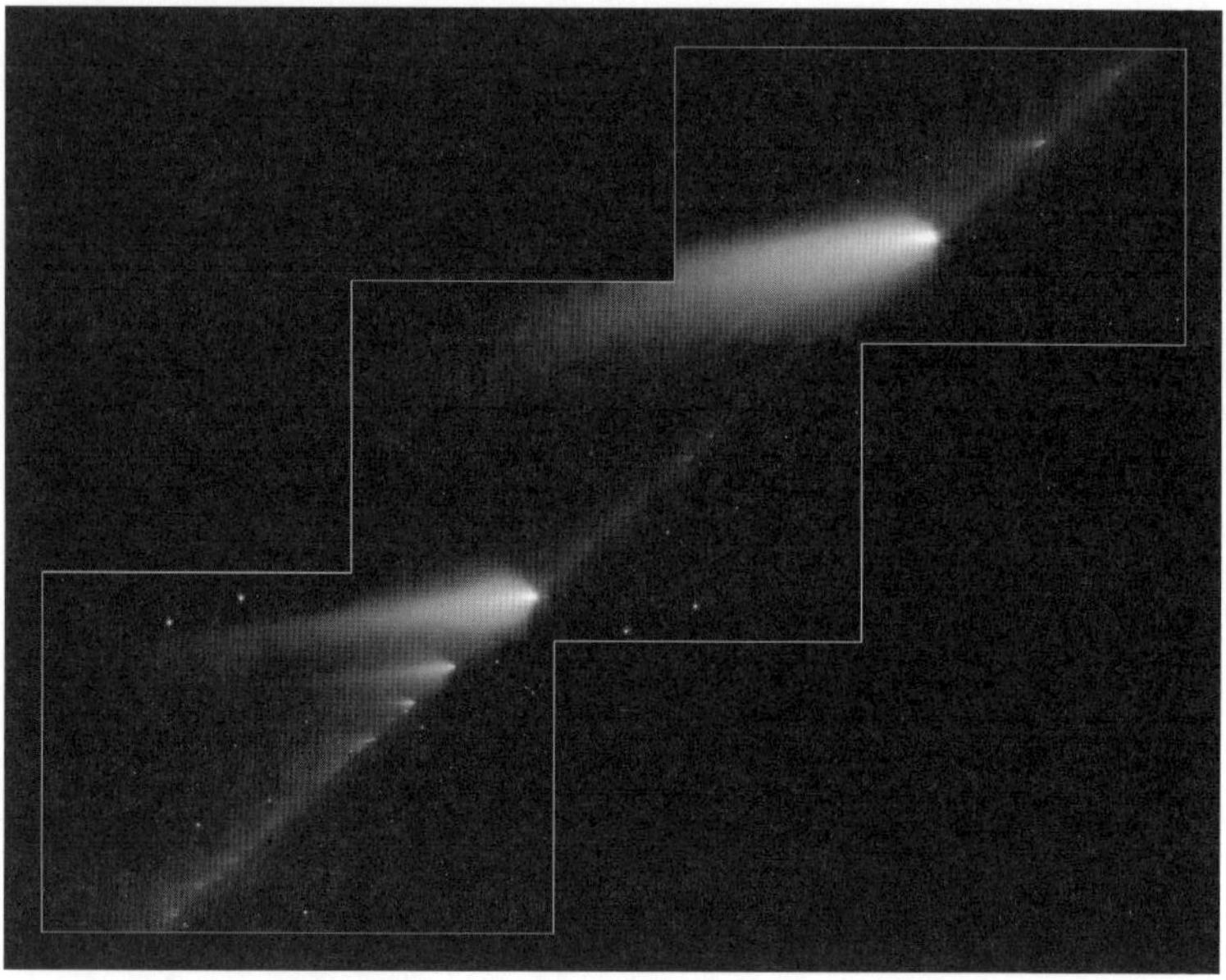

図 6-11：スピッツァー宇宙望遠鏡によって赤外線で撮影された 2006 年のシュバスマン・バハマン第 3 彗星の様子。おもに 1995 年に崩壊したときに放出された砂粒サイズの塵が軌道上に大量に存在し、ダストトレイルの束として赤外線で光っている。（提供：NASA/JPL-Caltech/W. Reach (SSC/Caltech)）

ネットワーク（International Scientific OPtical Network, ISON）に属するロシアのキスロヴォツク天文台で発見された。当初は19等級程度のきわめて暗い天体だったが、軌道計算によって発見時は木星軌道よりも遠方であることがわかり、大物ではないかと期待された。そして、その軌道から太陽にきわめて近づく軌道を持っていることもわかった。その近日点距離は 0.012494 天文単位と、187万4千キロメートルとなり、太陽の半径を差し引けば、その表面からわずか約117万キロメートルをかすめることになる。大きな彗星が太陽に近づけば大彗星になる可能性が高かったわけである。

事前の観測も積み重ねられていった。発見時にはすでに核はコマに覆われ、直接観測することはできなかったが、その明るさなどから、これまでの彗星の例に照らして推定すると、直径は少なくとも数キロメートル（NASAのプレスリリースでは、4・8キロメートルとされていた）はありそうだと思われた。これだけ大きいと、太陽に100万キロメートルにまで接近してもすべて融けきる可能性は少ないと思われたのだ。それに加えて世界中の彗星研究者の判断を狂わせたもう一つの要因が、ラブジョイ彗星（C/2011 W3）の存在であった。この彗星は、2011年11月末にオーストラリアのコメントハンターであるテリー・ラヴジョイ氏によって発見された。当初は13等とそれほど明るい彗星ではなかったが、その軌道からクロイツ群の彗星であることが判明し、太陽に近づくと予想された。近日点通過は同年の12月16日。つまり、発見そのものが太陽に近づく三週間ほど前であった。太陽に近づけば明るくなると思われたが、そうはいってもラブジョイ彗星はかなり小さい。初期の光度から求めた絶対等級は15・5等。この値は、アイソン彗星に比べると、少なくとも8・5等は暗かったのだ。明るさは5等で100倍なので、

図 6-12：近日点を通過して生き残ったラブジョイ彗星。2011 年 12 月 22 日、国際宇宙ステーションから撮影された彗星の姿。（提供：NASA）

8・5等の差は、実に2500倍を超える。単純に光量の差が物質の量の差と考えれば、ラブジョイ彗星はアイソン彗星の蒸発量の2500分の1ということになるのだ。核の表面から均等に蒸発すると仮定すると（そんなことはあまりないのだが）、表面積は直径の二乗に比例するので、2500倍の表面積の差は、ちょうど50倍の直径比率になる。アイソン彗星の直径が5キロメートルとすれば、ラブジョイ彗星の直径は、せいぜい100メートルということになる。実際、その後の研究でラブジョイ彗星の核は150〜200メートルほど、という結果が発表されている。アイソン彗星が富士山ほどとすれば、ラブジョイ彗星は電車の車両4両ほどの直径しかないのである。これは比較にならないほど小さいと実感できるサイズだろう。

そして、ラブジョイ彗星は12月16日に近日点を通過した。その近日点距離は、わずか0.005556天文単位。約83万キロメートル、すなわち太陽の表面から13万キロメートルの場所をかすめたことになる。ラブジョイ彗星のような小ぶりな彗星核は、このような接近距離だと強烈な太陽の光と潮汐力とで粉々になって、蒸発し尽くしてしまうのではないか、と予想された。そして、太陽の向こう側に隠れたまま、近日点通過後は出現しないだろうと誰もが思っていたのだ。日本の観測衛星「ひので」を含む多くの太陽観測衛星が、太陽に隠れてしまうところまでを観測したが、念のために反対側から出現するかもしれない彗星を待ち受けていた。と、約一時間後、驚くべきことに、ラブジョイ彗星は再び姿を現したのである。そして明るさをぐんぐん増していった。一週間もすると、南半球では夜明け前に肉眼で観察することができるようになった。見事な尾を伸ばした姿は、国際宇宙ステーションからも撮影され、クリスマスの夜空を飾った彗星として記憶されることとなったのである。

近日点通過後の絶対等級は11等級に上方修正された。近日点通過後のラブジョイ彗星の核近傍観測から、どうやら核は最終的には粉々になったようだ。通過時にはなんとか生き残ったが、その1・6日後の12月16~17日にアウトバーストを起こし、それ以降、コマの中心に見えていた中央集光部が、どんどん細長くなっていき、最終的にはどこが中心なのかわからなくなってしまったのだ。これは核が粉々に粉砕され、揮発成分は蒸発しきって、残された塵が次第に拡散していったものだと解釈されている。

とはいえ、ラブジョイ彗星は太陽最接近時にも蒸発し尽くさずに生き残り、強烈な太陽光を浴びながらも遠ざかり、その後、しばらくして核は消え去ったのだが、雄大な尾を伸ばした彗星になったわけである。この事実を考えれば、それよりも一桁は大きな直径を持つと推定されたアイソン彗星の場合、蒸発し尽くしてしまうことはないと予想するのは自然だったのだ。

世界中の研究者が期待する中、アイソン彗星は次第に太陽に近づいていった。そして、次第におかしな挙動を見せていく。絶対等級が当初の5・5等よりも暗く、8等程度へ、日心距離依存性も7・5へと下方修正されたのである。

この9月前からの光度上昇率の停滞は、この種の彗星によくある一時的なものだった。太陽に近づくにつれ、二酸化炭素や一酸化炭素などの水よりも揮発性の高いガスがまずは遠方で蒸発し、一気にコマに水の氷粒子を放出する。これによって、遠方ではコマ中に氷粒子が一時的に滞留し、太陽光を反射して明るくなる。しかし、原因となった一酸化炭素などは核の表面付近から、あっという間に失われる。また、同時にコマ中の氷微粒子は、彗星が次第に太陽に近づくと溶けてしまい、太陽光を反射しなくなり、一時的に暗くなるのである。このような光度の停滞時期は、水の蒸発がまだ本格的には始まっていない期間に起こる。アイソン彗星でも、2013年4月あたりから9月あたりまで光度停滞があった。ヘール・ボップ彗星などでも同様の光度停滞があり、その後、再び上昇しているのが観測されている。日心距離はちょうど4天文単位から2天文単位あたりである。表面の太陽熱の吸収の効率にもよるが、一般に彗星からの水の蒸発量は太陽から2天文単位から1天文単位にかけて本格化し、再び上昇していくことが多い。

アイソン彗星でも9月以降はやや光度が上昇し、水の本格的な蒸発が始まったと考えられる。これによって、太陽へ最接近したときの明るさは、従来であればマイナス13等を超えるはずだったのが、修正後ではマイナス6等になった。それでも金星よりも数倍程明るい大彗星にはなると期待された。水の蒸発が始まる距離からはアイソン彗星の明るさは、その後はほぼ順調に推移したといってよかった。水の氷が本格的に蒸発し始めた距離でも光度は上昇を続け、絶対等級は少し小さくなったものの、最終的に近日点前の光度変化は、

$$m = 8.0 + 5 \log \Delta + 7.5 \log r$$

となった。そして、太陽に近づくにつれ、尾も順調に伸ばしていった。ちょうどNHKではアイソン彗星の特番が企画されており、宇宙ステーションに滞在中の宇宙飛行士の若田さんが中継のための練習として、NHKの高感度カメラで近日点前のアイソン彗星の見事な映像を撮影してくれた。ただ、その段階で警鐘を鳴らす研究者もいた。ハワイ大学の天文学者カレン・ミーチは、「アイソン彗星は以前の予報のようには明るくならないだろう。振る舞いはコホーテク彗

図 6-13：アイソン彗星 C/2021 S1　11月26日早朝の様子。（撮影：津村光則）

星に似ている」と書いていた。オースチン彗星のように核の周囲に塵のマントルが発達してしまうと、光度上昇率は2を割り込むようになってしまうはずだ。そういう最悪の事態も考えられなくもなかったが、この予想もはずれた。いわゆる日心距離急変型とはならず、近日点にまっしぐらに明るさを上昇させていったのだ。特に、11月中旬になってガスの放出率が2倍になり、24時間で1等級も明るくなった。その後、数日をかけて8等台だったアイソン彗星が5等台へと急上昇した。この上昇率があまりに急だったため、彗星でしばしば起きるアウトバーストの一種であると考えられた。ただ、アウトバーストでも吉兆となる場合と凶兆となる場合がある。アウトバースト時の明るさの上昇があまりに大きいと、心配になる。アウトバースト後に核そのも

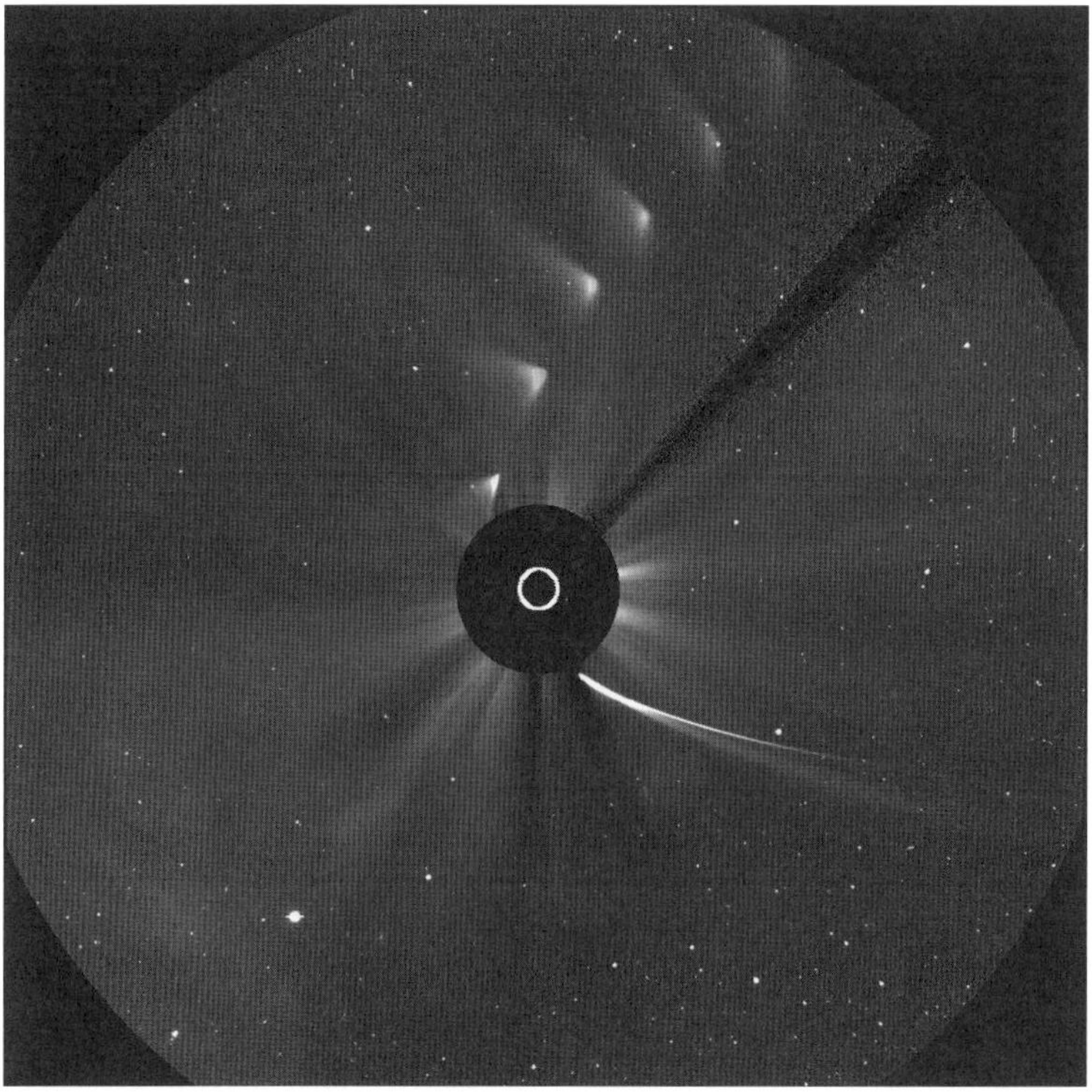

図 6-14：アイソン彗星 C/2012 S1 の消滅の様子
太陽最接近前後には非常に強い熱や潮汐力を受けるため、彗星が融けたり壊れやすくなる。近日点に近づくにつれてアイソン彗星は光度を増し、マイナス 2 等級の明るさになっていたが、太陽の遮光板に隠れる直前に核が暗くなり、核の崩壊が始まっていた。近日点通過後の彗星は塵の尾が V 字型をしており，その後拡散して淡くなり、消滅した。（提供：ESA/NASA/SOHO/SDO/GSFC）

のが崩壊してしまう例もあるからだ。その後の経緯は第3章で紹介したとおりである。

世界中に衝撃が走った。いったい何が起こったのかと、彗星研究者は頭を抱えることになったのである。核の揮発成分が蒸発し尽くし、崩壊したのではないか。計算してみると、筋雲の伸びた方向から、太陽に最も接近する数時間ほど前に放出され、その後に放出された塵が伸びていくはずの方向には、まったく何も見えないことがわかった。つまり、太陽に最接近していく途中、数時間前に彗星核に含まれる氷はすべて融け切ってしまい、核の成分のうち、塵のような融けにくいものが残され、ばらばらの破片となって太陽から遠ざかっていると考えられたのである。太陽から離れるときには、ほとんど霞のような細長い筋状の雲となってしまったのだ。いったい何が起こったのか。なぜこれほど大きいと思われた彗星が崩壊してしまったのか。世界中の天文学者が頭を抱えることになったわけである。

アイソン彗星のその後の尾の解析から、我々のグループでは彗星の崩壊は近日点通過の0・3日ほど前に起こったことを突き止めた。また、アイソン彗星の明るさから水の氷の量を推定し、彗星核のもともとの大きさは密度を1と仮定しても、せいぜい150メートル程度の半径しかないことがわかった。これは小さい。もともとガスが多く塵が少ない彗星だったため、ダストマントルを発達させることもなく、見事に消え去ったということがわかる。このように分裂・崩壊型のケース、特にアイソン彗星のように太陽に近づいて分裂・崩壊するときには近日点通過前に崩壊してしまうと、アイソン彗星のようにまったく大彗星になり得ない。しかし、もう少し大きな核を持っていれば、近日点を通過して生き残り、その後に分裂崩壊するとラブジョイ彗星のように大彗星になる。その意味では、太陽接近型の彗星の場合は、ほんの少しの差のようにも思える。

6.7 彗星の明るさの確率予測

アイソン彗星やラブジョイ彗星は太陽に接近するタイプの特殊な彗星ではあるが、そうでなくても彗星の明るさがどうなるかを予測するのはきわめて難しいことは、わかっていただけたかと思う。とりわけオールトの雲彗星の場合は、過去の出現データがないため、きわめて予測は難しい。しかし、天気予報がデータの蓄積とシミュレーションで確率的な予報を発達させたように、オールトの雲彗星でも、統計的にたくさん集めることで、確率的に予測することが可能になるのではないか、と考えている。

２００４年春に、めずらしく肉眼で見える彗星が同時に二つやってくると期待されたことがあった。一つは、3年ほど前の２００１年の夏に発見されたニート彗星（C/2001 Q4（NEAT））で、アメリカ・パロマー山天文台の口径１・２メートルシュミット望遠鏡による近地球小惑星観測プログラム〝ニートプロジェクト（NEAT = Near-Earth Asteroids Tracking Programme）〟による発見だった。発見時の太陽からの距離は約15億キロメートル。これは、ほぼ土星の軌道に達するほどで、新彗星が発見された距離としては当時として最遠となった。そして、この5月15日には太陽に1億4千キロメートルほどに近づいて、久しぶりの肉眼彗星になるとされた。一方、もう一つがリニア彗星（C/2002 T7（LINEAR））だった。２００２年10月にアメリカ・リンカーン研究所の〝リニアプロジェクト（LINEAR=Lincoln Near-Earth Asteroid Research）〟のチームが発見した彗星で、発見時の距離こそ太陽から約10億キロメートルと、ニート彗星よりは近かったものの、それでも遠い場所で発見された大彗星であることには変わりはなかった。リニア彗星は、この4月23日には太陽に9千万キロメートルまで近づき、やはり明るくなって肉眼で見えると期待されていた。

肉眼で見えるような明るい彗星の出現は、平均すれば10年にせいぜい1〜2個程度だろう。しかも一つの彗星が肉眼で見えるほど明るく輝いている期間は、1ヶ月以下と短いことが多い。今回の二つの彗星のように、明るくなる時期がほぼ重なって、なおかつ同時に夜空を飾る条件となるのはきわめてめずらしい。これまでのところ、肉眼彗星が過去、二つ同時に夜空に現れた例は、少なくとも古記録には残されていない。

二つの彗星とも、太陽に近づくにつれて、ほぼ予測の範囲内で明るくなっていったため、肉眼で見えるほど輝けば、21世紀初頭の華麗な天文ショーになることは間違いなかった。ただ、日本の観測条件はあまり好ましくはなかった。ニート彗星の軌道は、黄道面に対してほとんど垂直で、黄道面の南から近づいてきて、5月中旬の近日点の頃に黄道面を北へと突き抜けていく。したがって、近日点までは南天にあるが、5月以降は北天で輝くことになる。リニア彗星は逆に、4月末までは黄道面の北側にあり、5月になると黄道面を横切って南側に抜けていく。ニート彗星に比べると、リニア彗星の軌道は黄道面に寝ていて、突き抜ける角度こそ浅いものの、惑星の公転方向とは逆、つまり北から見て時計回りに動いている逆行軌道であった。そして5月下旬以降にならないと日本からは見ることはできず、その頃には彗星そのものは近日点をすぎてかなり暗くなっている可能性が高かった。

条件を考えると、5月中旬が、二大彗星とも同じ夜空の方向に見える時期となるが、リニア彗星が南天に低いため南半球でないと実際には無理だった。そこで、もしどちらも本当に肉眼等級になるのであれば、オーストラリアに行って眺めて見たい、と思ったのである。

ということで、筆者は、この二つの彗星がどの程度の明るさになるかを予測すべく、それまでのオールトの雲彗星の中で比較的よく明るさに関する観測データが得られている20個の彗星を選んで、先述の光度式の日心距離依存性パラメータ n の分布を調べてみた。その結果、平均値は3.6となり、1シグマ、つまり統計的に68%の確率でその範囲内になるというレベルの上限と下限の値は、1・9と5・3となったのである。これを用いて近日点通過時の見かけの明るさを予測すると、ニート彗星は4・4等から1・1等となった。またリニア彗星の場合は、5・0等から0・4等となった。これなら68%の確率で、どちらも肉眼で見える彗星になる、ということで彗星仲間で、しばしばオーストラリアで天体写真撮影を行っている津村光則氏に相談して、5月にオーストラリア行きを計画したのである。

そんなときに、第三の彗星が現れた。4月中旬になって発見されたブラッドフィールド彗星である。絶対等級はもっと暗い彗星だったが、太陽に非常に近づいたため、結果的に明るくなり、4月下旬には明け方の東の低空に顔を出して、細長い尾を伸ばした姿が観察された。この時期には、肉眼等級になったリニア彗星も同じ東の地平線付近で見えていたため、思いがけず二大彗星のランデブーが実現したのだが、太陽接近型の彗星の常で、ほんの一週間で急速に暗くなっていった。一方のニート彗星は、太陽に最接近する5月中旬、彗星そのものが地球から離れたせいもあって3等台にしかならなかったのだが、これも上記の予測の範囲内だった。筆者らはオーストラリアで予定通り、二つの彗星を楽しんだ。リニア彗星は2等台で非常に目立っていたが、ニート彗星の方はすでに4等台で、場所がわからないと探せないほどであった。ただ、オーストラリアのアウトバックと呼ばれる砂漠地帯の透徹な夜空の元では、どちらも双眼鏡で眺めると尾を伸ばした立派な彗星だったことは確かである。

この彗星の明るさの確率予測については、その後、追求してこなかったのだが、一応の目安にはなるはずだし、その後、オールトの雲彗星のサンプルも増えているので、そうしたデータを元にすれば、さらに精度が高まるかもしれない、とは思っている。

第7章

紫金山・アトラス彗星はどう見えるのか？

—その予測—

7.1 紫金山・アトラス彗星とは

2024年最大の天体ショーとして期待されているのが、紫金山・アトラス彗星（C/2023 A3）である。すでにプロローグでも紹介したように、この彗星はもともと2023年1月9日に中国の紫金山天文台で発見されたのだが、その後、フォローアップがなく、しばらく行方不明となってしまった。ところが、2月22日になって南アフリカにあるサーベイプロジェクトであるATLAS望遠鏡（Asteroid Terrestrial-impact Last Alert System：地球衝突小惑星の発見を目的とした自動捜天観測プロジェクト）で独立に18等の小天体として検出され、さらに紫金山天文台の観測と軌道がリンクされた。この時点での太陽からの距離は約7・3天文単位で、木星軌道よりも外側だった。

その後、この天体は2022年12月22日にアメリカ・パロマー天文台のツヴィッキートランジェントファシリティ（ZTF）で撮影された画像でも検出された。これにより軌道精度は格段に良くなったが、これらの画像から非常に集光したコマと、わずかな尾が確認された。これらの観測によって、彗星として登録され、両方の観測所の名前が名づけられた。彗星活動の兆候は、発見後リモート観測によって複数、確認されており、その中には日本のアマチュア天文家である佐藤英貴氏も含まれている。

軌道発表後、すぐに将来の位置推算がなされ、2024年の秋に肉眼で見える彗星になる可能性がある、と期待が高まった。絶対等級は人によって異なるものの、5〜7等級とハレー彗星並か、あるいはそれよりやや暗い程度と考えられた。まぁまぁ、そこそこの大きな彗星と考えてよいだろう。

また近日点通過は2024年9月27日で、太陽には0.391天文単位にまで近づく。近日点距離がそこそこ小さく、つまり太陽に近づくため、その前後にはかなり明るくなることが予想されている。そのため2024年秋には地球、特に日本を含む北半球中緯度からも見えるのではないか、とされたのである。この近日点通過前後は、地球から見ると太陽の方向にあるために、観測条件は悪いが、その後、次第に夕方の西空に姿を現すようになり、地球に2024年10月13日に0・47天文単位にまで接近する。近日点通過後にどのような振る舞いをするかわからないのだが、もしかすると肉眼でも見えるほどに明るく、尾を伸ばすことも考えられる。

7.2 紫金山・アトラス彗星の軌道

紫金山・アトラス彗星の軌道は、典型的なオールトの雲彗星である。軌道傾斜角は139度であり、惑星が太陽のまわりを回る向きとは逆向きで、いわゆる逆行軌道を持ちながら、黄道面の北側から太陽に近づき、太陽の南側を回って、再び北側へと去って行くような軌道である。いわば黄道面に対して立った軌道を持っている。ちょうど彗星が太陽に近づくタイミングで、地球は彗星を太陽側に見ることになるため、きわめて見にくい観察条件となってしまう。その後、太陽から離れ、黄道面から北上する彗星を地球は見上げる形になるので、北半球からは近日点通過後の方が、見かけ上、太陽からも離れるので、見やすくなっていく。

図 7-1：太陽近傍での紫金山・アトラス彗星の軌道図（2024 年）（提供：沼澤茂美）

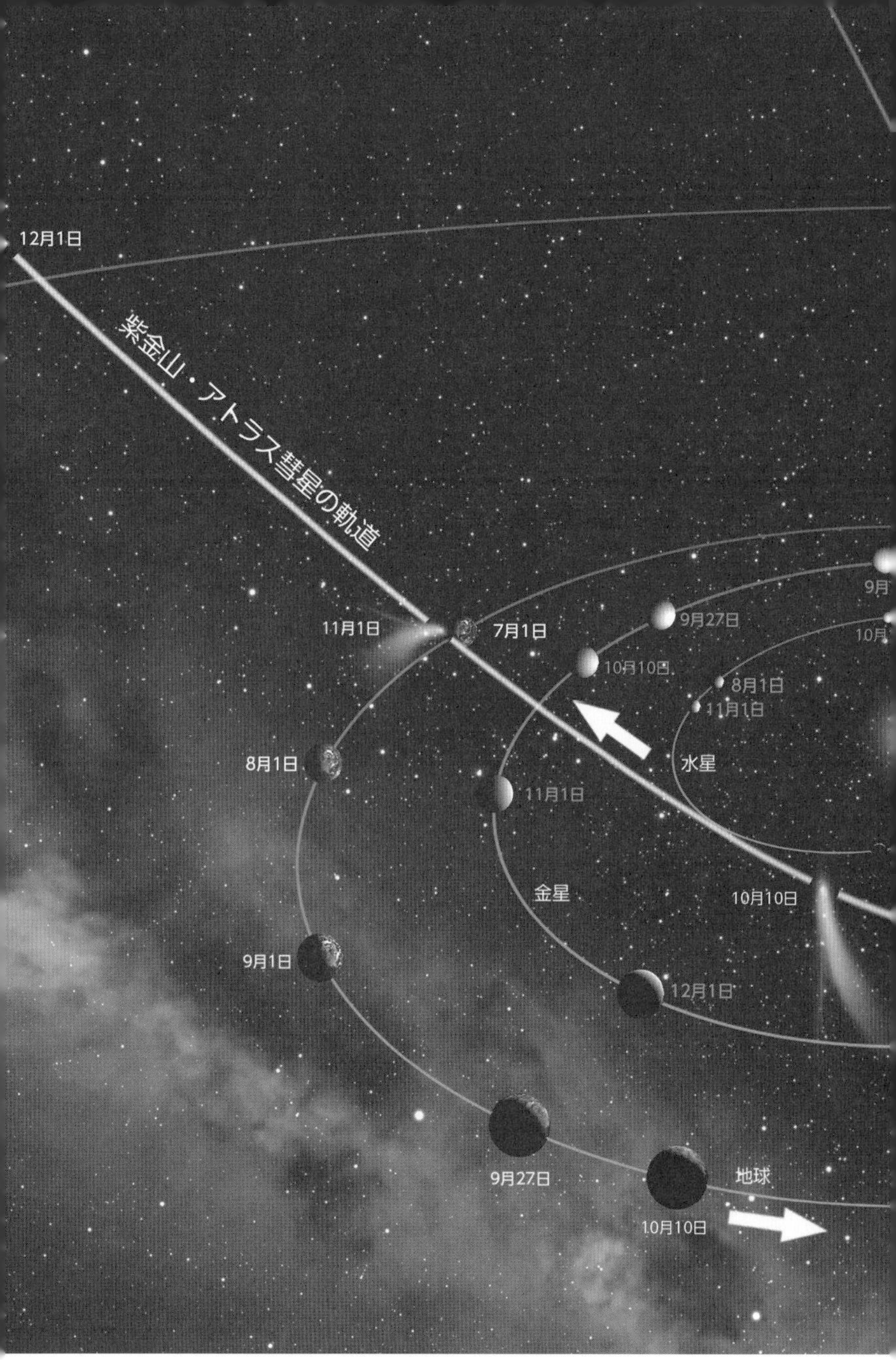
12月1日
紫金山・アトラス彗星の軌道
11月1日
7月1日
9月27日
10月10日
8月1日
11月1日
8月1日
水星
11月1日
金星
10月10日
9月1日
12月1日
9月27日
地球
10月10日

また、軌道の離心率は1に近く、ほぼ放物線を描いてやってくる。ただし、太陽に近づく原初軌道（太陽に近づく前の軌道）では離心率が1よりわずかに小さい程度だが、遠ざかるときには1をわずかに超えるとされている。そのときに惑星の位置関係で微妙に軌道がずれるからである。そのため、遠ざかるときには弱い双曲線軌道となって、今回を最後に太陽の重力圏を離脱し、星間空間へと旅立つことになるだろう。すなわち紫金山・アトラス彗星は太陽系から放出され、星間空間天体となってしまうのである。いずれにしろ軌道周期が定義できないのだが、太陽に向かってくるときだけの楕円軌道を考えると数万年程度の周期は数学的には算出できるが、あまり意味は無い。

いずれにしろ、この軌道から考えると、紫金山・アトラス彗星は太陽に初めて近づく彗星の可能性が高い。この種の彗星では、先にも詳しく述べたように明るさや尾の予測はきわめて難しいのが実情である。彗星核がどんな大きさなのか、その成分はどうなっているのか、そういった個性がわからないからである。

7.3 どこに見えるのか？

とりあえず軌道がわかっているので、この紫金山・アトラス彗星がいつ、どこに見えるのかだけは、きわめて正確に計算予測できる。また地球がその頃にどこにあるかも計算できるので、北半球中緯度である日本から、どんな時刻にどこに見えるか、その位置は計算できている。その計

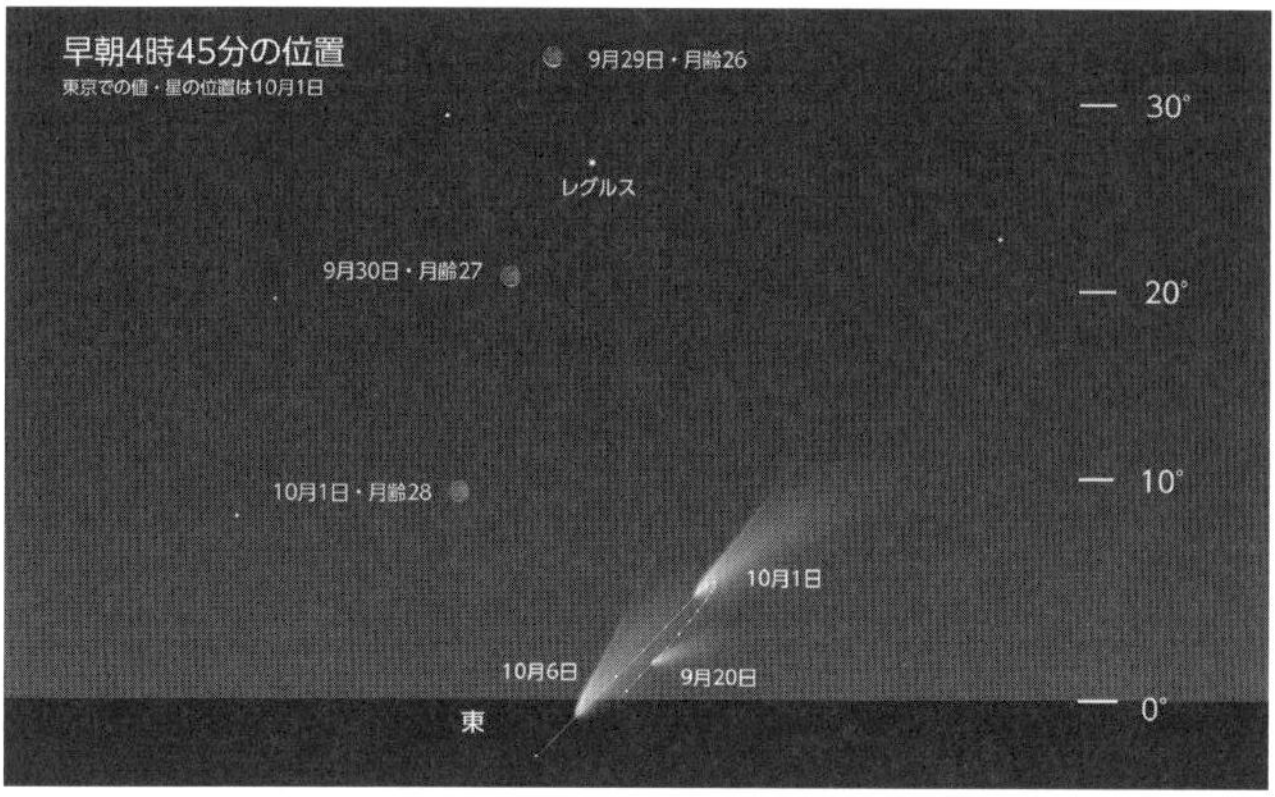

図 7-2：明け方の紫金山アトラス彗星の見え方
9 月 20 日ごろから、薄明の始まる早朝の東天に姿を現わす。日に日に高度は上がっていくが、しばらく月灯りの影響を受ける。近日点を通過したころから彗星の高さは次第に低くなるが、地球に接近し光度は増すだろう。10 月 1 日には月齢 28 の細い月が輝くものの、このころが最も条件良く見られるのではないかと考えられる。（提供：沼澤茂美）

算結果からは紫金山・アトラス彗星が観察できるチャンスは、おおまかにいって、明け方夜明け前の東の空に見える期間と夕方宵の頃に西の空に見える期間とに分けられる。

前者は２０２４年9月末から10月初めの時期である。実際にはきわめて短い期間になるのだが、明け方の東のきわめて低空に紫金山・アトラス彗星は現れる。

２０２４年9月中旬まで、彗星は南天にあるために、日本からの観測はできない。その頃は、南半球の天文ファンからの速報を待ちたいところである。ただ、南半球に行ったとしても紫金山・アトラス彗星そのものは、見かけ上、太陽に近くて観察しづらい。地平線上に尾が伸びているのが確認できる、というのがもっとも良いニュースになるだろう。9月下旬になって、ようやく日本からも観察できる可能性が生じる。夜明け前の東の低空にめぐってくるわずかな観測チャンスである。9月下旬から10月上旬までの期間になる。

この期間、彗星の本体は地平線に隠れてしまっていても、もし尾が長く伸びていれば、右上の方向に伸びているのが観察できるはずだ。双眼鏡を用いて確認してみたい。ちなみに彗星の真上、約20~30度ほどのところにはしし座の一等星レグルスが輝いているはずなので、それが目印になるだろう。いずれにしろ、低空までよく晴れていないと見ることは出来ないだろう。

さて、後者の夕方の観察期間は、10月中旬以降である。そこまでの期間、つまり10月上旬は、地球が彗星を太陽の方向に見ることになって、どうやっても観察できない。10月12日頃から、なんとか夕方西の空の低空に現れるようになる。この時期には二つほど観察に適していることがある。一つは、彗星が太陽から遠ざかりはするものの、地球に近づいてくることである。見え始める頃からは地球から遠ざかりはじめるが、いずれにしろ、太陽に最接近し、明るくなっている場合は、2週間程度なので、まだ堂々とした姿を見られる可能性が高い。もう一つは、日に日に見かけ上も太陽から遠ざかるのと同時に、同じ時刻で見ても日に日に地平線から高く離れていくことである。地平線から離れれば離れるほど、地平付近の気象学的な影響を避けられるし、彗星が地平線に近づいて没するまでの時間が長くなるので、観察する時間的余裕も生じるため、観察しやすくなるのである。さらに探す目印になるのが、宵の明星・金星だ。だれでも見つけることが

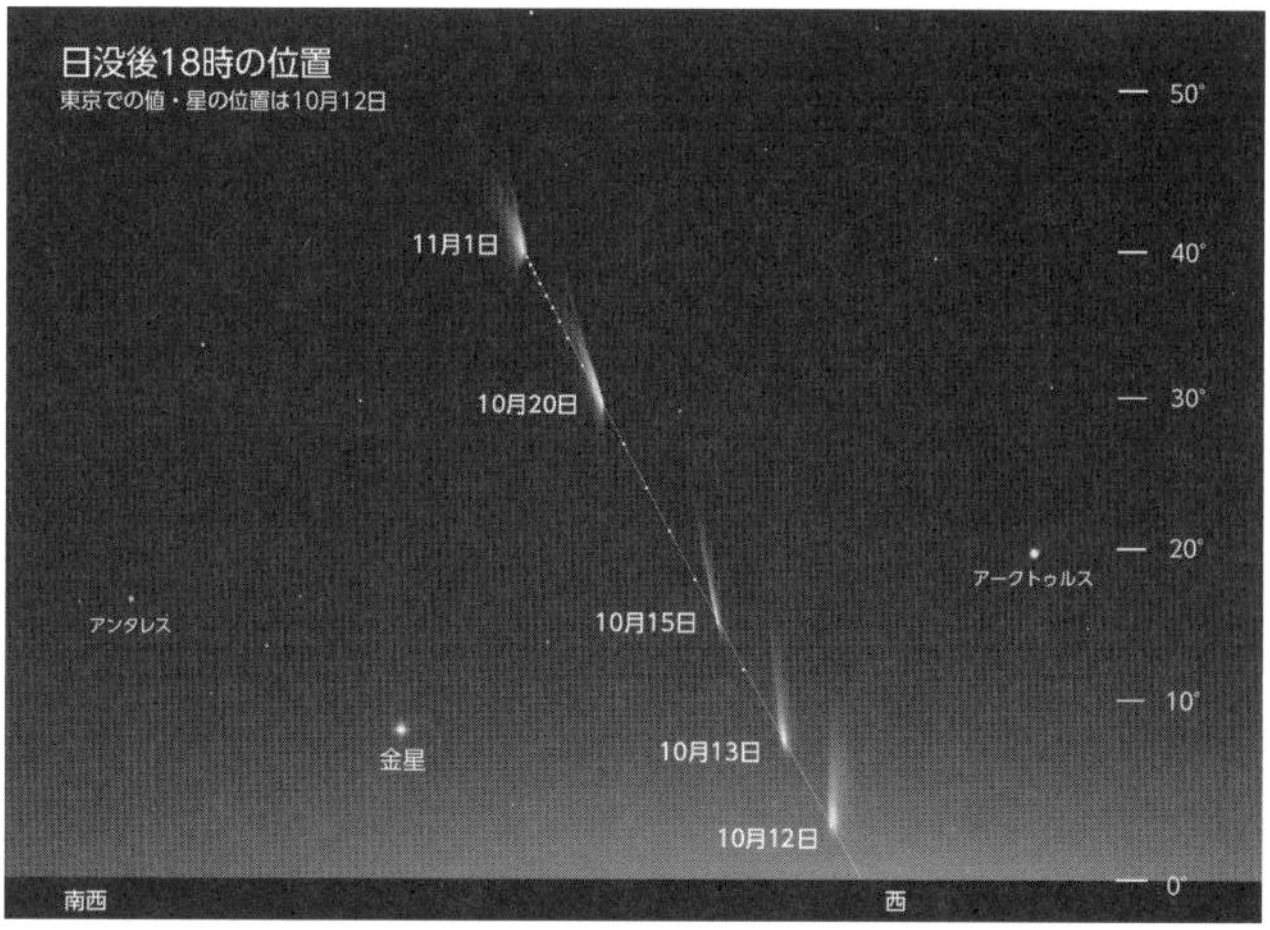

図 7-3：10 月中旬以降、日没後の紫金山アトラス彗星の見え方
10 月の 12 日頃からは、日没後の薄明の残る西の空に姿を現わす。しかしこのときの月齢は 9 で、しばらくは明るい月の影響を受ける。10 月 14 日に地球が彗星の軌道面を通過するため、塵の尾はかなり細く見えると予想される。10 月 20 日以降は月の出が遅くなるので暗い空での観測が可能になる。(提供:沼澤茂美)

できる明るい惑星なので、この金星との位置関係を頭に入れることで、たとえ肉眼で見えなくても紫金山・アトラス彗星を探すことが可能となると思われる。

10月16日頃になると、かなり薄明が終わりかけの頃で、彗星の高さは地平線から20度程度、右側にうしかい座の1等星アークトゥルス、そして左側に金星と、いわば地平線と平行に並んでいるような場所まで上がってくる。それ以降はどんどん高度を上げていくので、どんどん見やすくなるのだが、地球からも太陽からも遠ざかるので、彗星も暗くなっていくだろう。この時期は月灯りの影響があることが少し不安材料である。もちろん、光害のない、星空がよく見えるような場所でないと彗星の尾、特にイオンの尾はかき消さ

れてしまうのだが、月灯りも大敵である。17日が満月で、その前後は東の空にあることが、不幸中の幸いである。できれば月灯りの影響を憂慮するくらいに尾を伸ばしてほしいものである。満月を過ぎれば、月の出がどんどん遅くなるので、彗星が見えている間は月の影響はなくなるだろう。10月下旬から11月初めの時期には天文薄明や月灯りの影響を受けずに観察することが可能となる。金星の右上の方向に位置するようになって、双眼鏡や望遠鏡を向けて観察できる時間的余裕もできるだろう。

7.4 明るさはどうなるか

さて肝心の明るさの予測である。前の章でも解説したように、明るさの予測は、紫金山・アトラス彗星のようなオールトの雲彗星の場合はきわめて難しい。そこで、ここでは前章の6.7で紹介した確率予報を採用してみよう。これは20個ほどのオールトの雲彗星の明るさの日心距離依存性パラメータ n の統計から、彗星の今後の明るさを確率的に予想する手法である。6月1日現在の紫金山・アトラス彗星の明るさは地心距離補正して、ほぼ8・8等だった。そこから太陽に近づくにつれ明るくなると仮定して、その依存性の n が平均だと3・6、1シグマで明るい方だった場合は5・3、暗い方だった場合は1・9となるので、それぞれ近日点で計算すると1・8等、マイナス1・5等、5・2等となる。つまり紫金山・アトラス彗星の明るさは68％の確率で近日点通過時にはマイナス1・5等から5・2等の間に入ることになる。かなりの幅ではあるが、平

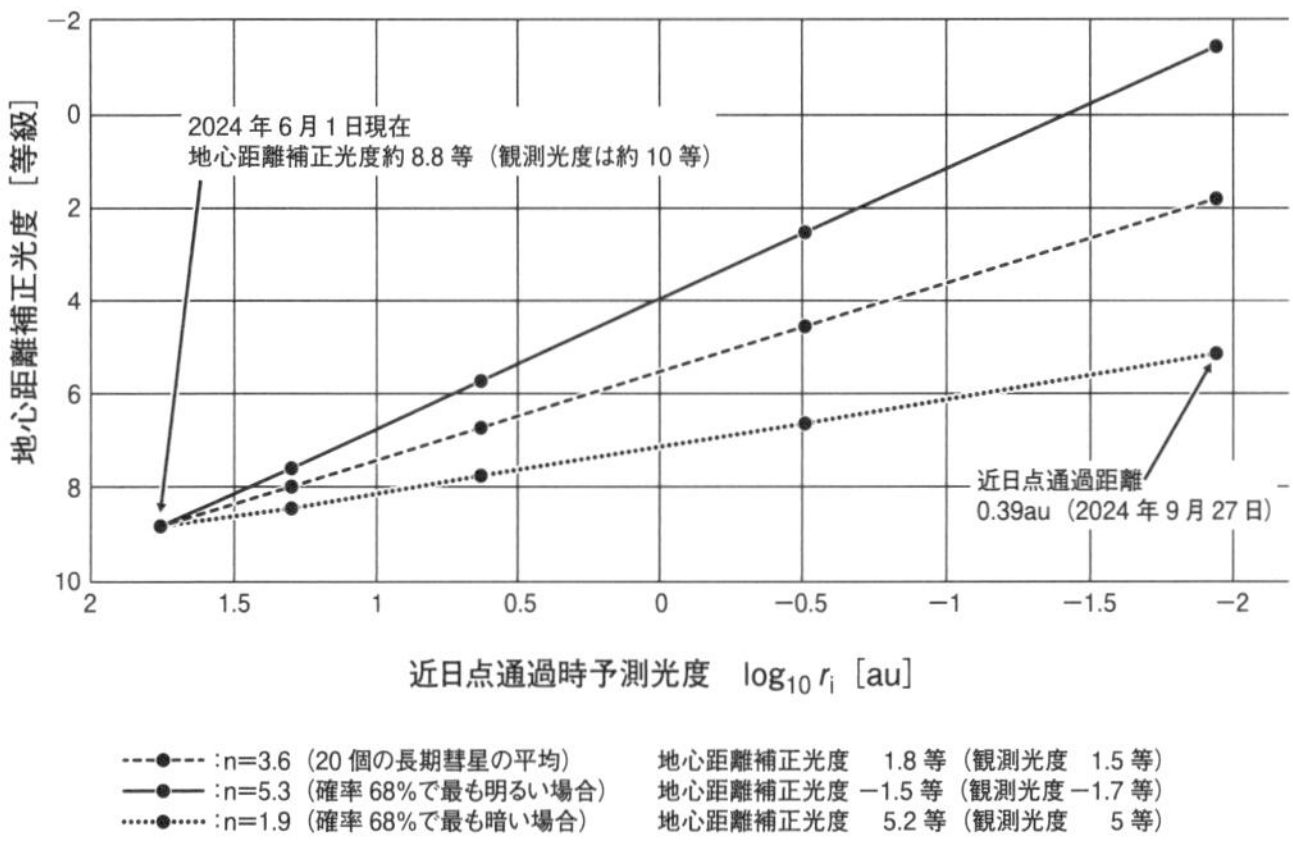

図 7-4：C/2023 A3　紫金山・アトラス彗星の確率予測

均して2等級にはなりそうだ、ということなので、それなりに尾を伸ばした彗星の姿を見せてくれるのではないか、と期待できるわけである。

実際には地球へ近いこともあり、ほんの少し明るめに見えるはずではある。平均的な推移をしたとすると、10月中旬でも4等級程度で、双眼鏡がないと観察は難しくなるだろうが、もし明るい方に振れたとすれば、同じ時期には1等級になっている可能性があり、そうなれば楽に肉眼でも見えるに違いない。一方、暗い方に振れたなら、近日点でやっと5等なので、その前後に肉眼ではもちろん、10月中旬以降になってしまうと双眼鏡でも探し出すのがやっと、ということになりかねない。これればかりは神のみぞ知るところだ。

7.5 形はどうなるか

形状に関していえば、明るさに大きく依存する。明るければ、尾が発達し、二種類の尾が見られるかもしれない。2024年7月の段階、遠方で蒸発した揮発成分に伴って放出された塵の尾が明確に見えている。この塵はかなり大きなサイズの粒子も含まれており、彗星と共に太陽に近づいてきている。水の氷の粒子も含まれているので、火星軌道を越えたあたりで、粒子に含まれている氷が蒸発し、一見、粒子数が減ることによって光度停滞が起こるのだが、実際に紫金山・アトラス彗星はこの光度停滞を起こしており、2024年6月頃から明るさが一定のレベルとなっているようである。ただ今後、氷が活発に蒸発を始めれば、コマが大きくなると同時に放出される粒子数も増え、尾も発達すると期待される。

もしガスも塵も放出量が多く明るくなる場合、イオンの尾は地平線に対して直交に近い方向に伸びる。これは地平線下に太陽があるので当然である。一方、塵の尾は軌道平面に広がるので、地球が彗星の軌道面とどういう関係にあるかで形が決まる。今回、特徴的なことは、明け方であれ、夕方であれ、地球は彗星の軌道面の近くに存在していることだ。つまり、軌道面を垂直に見下ろすような位置関係ではないため、塵の尾もそれほど広い角度で広がることはない。むしろ、濃く太く見える可能性がある。明け方は塵の尾はイオンの尾の右側に広がる。夕方になると、さらに地球が軌道面に近づき、10月中旬に軌道面を通過するので、その前後は塵の尾はきわめて細く見え、イオンの尾と重なって見える。このような位置関係の場合、前に紹介したように、塵が多いとみかけ上、塵の尾の一部が太陽側にも伸びる、いわゆるアンチテイルが観察されることだろう。

一方、彗星が暗い場合、つまり蒸発が活発にならない場合には、放出されるガスも粒子数も少なく、明るいコマや長い尾は期待できない。望遠鏡で眺めても、せいぜい中心核付近にぼやっとしたコマがやっと見える程度になってしまい、尾は見えない可能性もある。近づくときに見えていた尾の粒子は、近日点に致る途中でほぼ吹き飛ばされてしまうと同時に、尾は軌道平面上に扇形に広がってしまい、ますます薄くなってしまうために見えない可能性が高い。明るさの予想で暗い方に振れた場合は、イオンの尾も塵の尾も見えないかもしれない。そうならないように頑張ってほしいものである。

7.6 最新情報

6月に入ってから、紫金山・アトラス彗星の明るさやコマにいささか異変が生じてきた。明るさについては、氷粒子の蒸発による予想された範囲内の停滞と考えて問題ないと思われた。しかし、それだけではなかった。彗星を長年観測してきた和歌山の津村光則氏が追跡観測をしていたのだが、コマで濃くなっていくはずの青緑色のガスが一向に濃くならないというのだ。6月4日の画像ではなんとか青緑のコマが見え、そのまま濃くなっていくと思ったが、「それ以後の画像で強調しても顕著に見えて来ていません」というのである。すでに2天文単位を切って、1・8天文単位になった7月4日の画像でも青緑色はかすかなままだった。こうして不安に思っているところに、アメリカの彗星研究の第一人者であるズデネク・セカニナが、「紫金山・アトラス彗

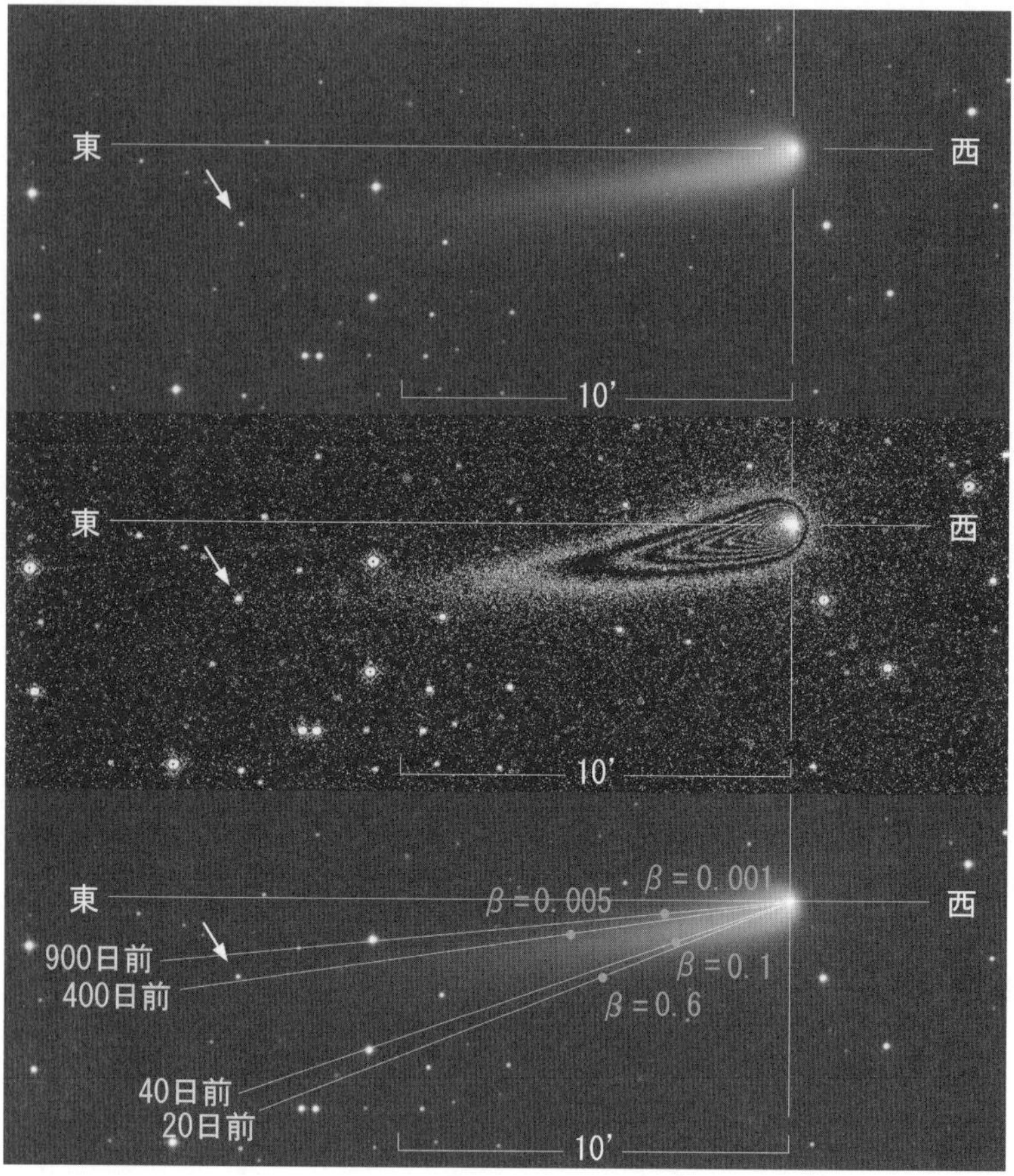

図 7-5：2024 年 6 月 4 日の紫金山・アトラス彗星画像にセカニナの解説を重ねた図。「900 日前」は観測日（6 月 4 日）の 900 日前に放出されたダスト粒子が分布するシンクロンを示す．βはダスト粒子に対する太陽の光圧で，小さいほど粒子が大きい．等光度曲線はステライメージで作成。（提供：津村光則）

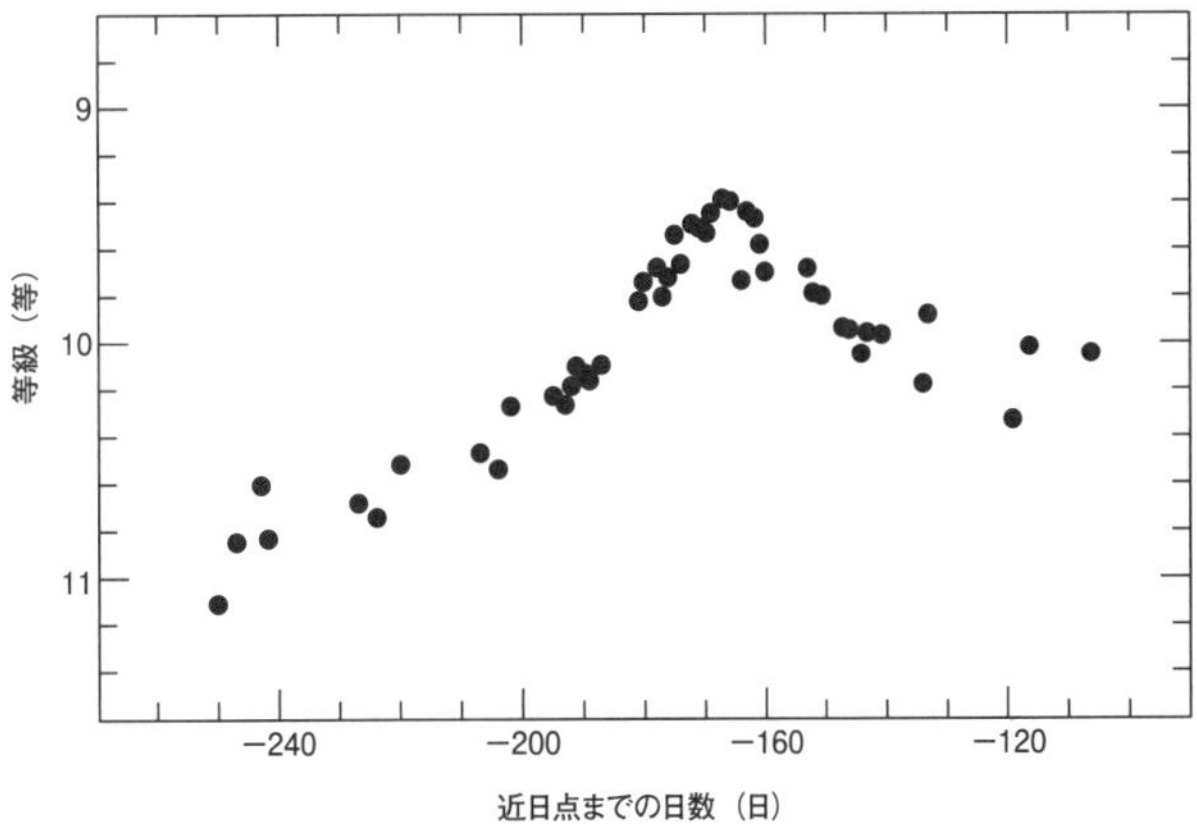

図 7-6：紫金山・アトラス彗星 C/2023 A3 の絶対等級の変化（セカニナの論文の図より改変）

星の避けがたき終局」という、きわめて刺激的なタイトルの論文を公表したのである。この論文の要点は、「これまでの挙動から、紫金山・アトラス彗星は近日点前に崩壊する」という大胆なものであった。世界中の彗星研究者は、漠然と不安に思っていたところに大御所からのご託宣があった形になり、みなしょげてしまった。

彼は、崩壊の根拠としていくつかを挙げている。一つは明るさの変化である。太陽に近づく過程で、その日心距離が3.3天文単位にやってきたあたり、すなわち3月末に急増光している現象を挙げている。彼は彗星の本体である核からの突発的なガス放出によるアウトバーストではなく、この段階で核の分裂が始まったと解釈している。分裂によって放出された塵などにより、散乱断面積が増加し、

図 7-7：涙型の形状の紫金山・アトラス彗星。2024年7月4日撮影。（提供：津村光則）

一時的に明るくなったというのだ。そして、その後、日心距離が小さくなっても、それほど光度上昇に繋がっていないこと、むしろ明るさが停滞し、暗くなっていることを示し、核は継続して分裂を繰り返しているのではないか、との考察を与えている。

もう一つの証拠として、軌道運動の変化を挙げている。通常、彗星は太陽の引力を受けてそのまわりを軌道運動するのだが、惑星の摂動を入れても合わない運動を示すことがある。これは、あまり良い言葉ではないのだが、非重力効果と呼ばれることがある。彗星核から太陽方向に激しい噴出があれば、彗星核はその反作用でロケットの推進時と同じように、彗星核はその反作用で反対方向に力を受ける。核が小さい場合、特に分裂核のような場合には、その影響も大きくなる。万有引力の法則で推算された位置よりも、太陽と反対方向にわずかずつずれていくのである。この非重力効果は多くの彗星で見られるが、紫金山・アトラス彗星でも観測されており、それがかなり大きく、すでに分裂が始まっている傍証であると主張している。

さらに最後の証拠として挙げられているのは、塵の尾の形状だ。涙型に見える彗星核から伸びる塵の尾の大部分が、太陽からかなり遠方で、水の氷よりも揮発性の高いガスによって放出された塵で説明できることは、多くの研究者が指摘してきたところだ。それそのものは崩壊を示唆するものではないのだが、問題は涙型の尾の形状が、太陽に近づいてもほとんど変化しないことだ。太陽に近づき、水の氷が融解し、水蒸気となって噴出する距離になれば、当然ながら涙型の南側部分に新しく放出された塵によって尾が発達していくはずなのだが、まったくその兆候が見られないのである。したがって、彗星核はすでに揮発成分を大部分失って崩壊しつつある傍証だとしているのである。

セカニナはこれらの証拠により、紫金山・アトラス彗星は太陽に最接近する9月27日前には崩壊して、消失してしまうだろう、と予測している。筆者の見解としては、最初の証拠は、以前にも紹介したようなケース、つまり太陽から遠方で核から放出された塵の中に含まれる水の氷粒が昇華して、というシナリオもあるのではないか、それによって光度停滞は説明できる、と考えているのだが、非重力効果や新しい塵の尾が生じてこない、という点はまったく異論はない。もしかすると7月から8月にかけて観測できないうちに崩壊が進んで、10月になってもまったく見えない、と言う可能性があることは確かである。

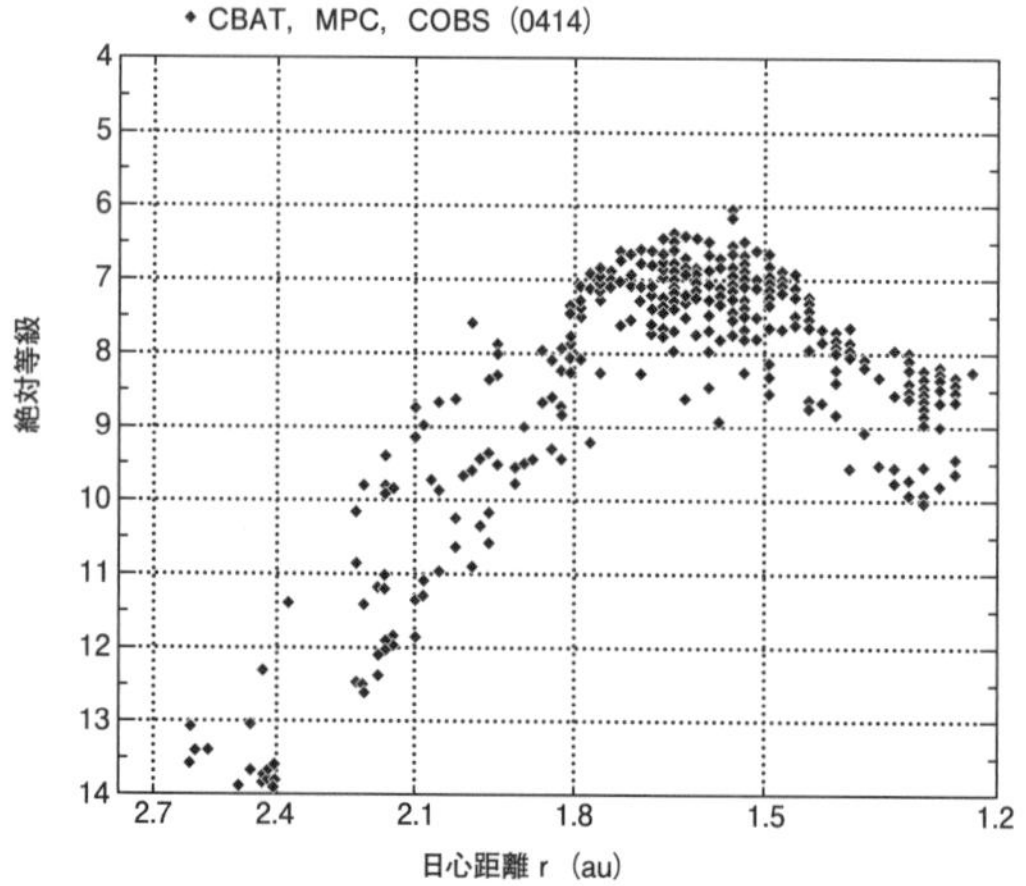

図 7-8：アトラス彗星（C/2019 Y4（Atlas））の絶対等級の日心距離による変化。（提供：鈴木文二）

なお、この彗星をリモート望遠鏡などを用いて追跡したイギリスのグループの観測では、7月から8月にかけて彗星の明るさは再び上昇を始めたようだ。ますますわからなくなっているのはおもしろい。

崩壊して消失する彗星としては、前章でアイソン彗星の例を紹介したが、そのように太陽に近づいて崩壊消失するものばかりではない。もともと彗星は崩壊しやすく、太陽から遠くても分裂したり、崩壊したりする例はいくらでもある。筆者が、この論文を読んで思いだしたのは、２０２０年のアトラス彗星（C/2019 Y4（Atlas））である。この彗星は２０１９年12月28日に、ハワイのアトラスプロジェクトによるサーベイで発見されたもので、やはりオールトの雲彗星であった。その軌道は放物線に近く、１８４４年に南半球で肉眼で観察された大彗星とよく似ており、その昔に分裂した破片とも考えられた。そ

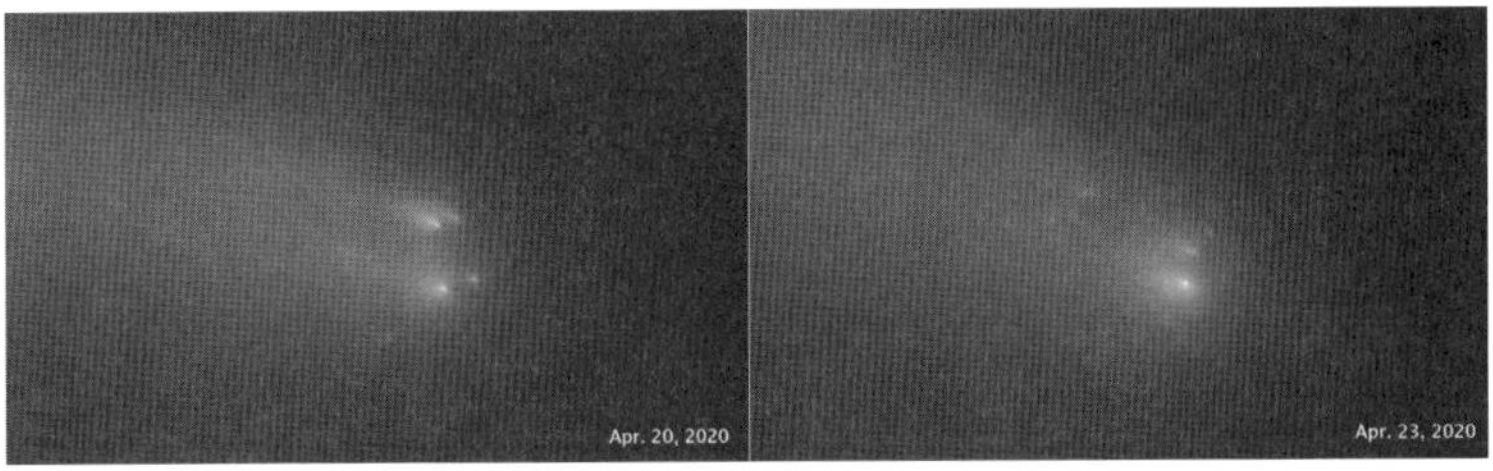

図 7-9：ハッブル宇宙望遠鏡により撮影されたアトラス彗星の核の崩壊の様子。
（提供：NASA,ESA,STScI,and D.Jewitt (UCLA)）

の上、2020年1月頃から明るさが急上昇し始め、そのままのペースを保てば2020年の5月末には、太陽に0・25天文単位にまで近づき、マイナス等級の大彗星となるかもしれない、と期待されたのだ。我々の観測チームでも観測計画を立案し始めた。あいにく新型コロナウイルスの感染拡大期ではあったが、オンラインを駆使し、セミナーを継続して開催していたが、その中でも情報交換会を開催し、全国の彗星の観測をしてきたアマチュア天文家や研究者と共に、どのような観測ができるかの検討をしていったのだ。我々はこれを「作戦会議」と呼んでいた。この彗星の距離が2天文単位になった頃、3月末には、観測チームの研究者が属している京都産業大学の神山天文台でも、大々的にプレスリリースを行ったほどである。

しかしながら、このアトラス彗星はずいぶん遠くから光度停滞が始まり、1・5天文単位あたりから、どんどん暗くなっていったのである。

そのまま分裂・崩壊していったようだ。

彗星が分裂崩壊していく様子は、地上の望遠鏡だと空間分解能が足りずにぼやっとしたコマが細長くなっていくように見えるが、ハッブル宇宙望遠鏡だと、核が細かく分裂していく様子がよくわかる。この崩壊が起きたのはまだ地球軌道、1天文単位に達する手前であった。

2020年4月14日には、予定していた作戦会議を急遽「残念会」として、オンラインで飲み会をやったのは、いまとなっては思い出である（この時期は新型コロナウイルスの感染拡大期にあたっており、オンライン飲み会が急速に浸透した時期でもあった）。ちなみに、このアトラス彗星の騒動の裏で、新しく発見されたネオワイズ彗星が確実に明るさを増していき、2020年の大彗星になったのは皮肉である。ただ、全国的に夏の悪天候で、尾を伸ばした姿を実際に目撃できた人はとても少なかったのは残念である。

いずれにしろ、観測技術の発達で、暗い彗星がたくさん見つかるようになり、またそれらの不思議な挙動も次第に明らかになってくると、太陽から遠方でも崩壊が起こりうるというサンプルが積み上がってきている。紫金山・アトラス彗星も、その一つになるのか、それとも思いがけない姿を見せてくれるのか、いずれにしろ、楽しみであることは間違いない。

第8章　エピローグ

酷暑の夏が過ぎ、次第に風に秋の気配を感じる季節になっていた。特に朝の冷え込みがさわやかに感じるのだが、湿気が一気に霧と化しそうな勢いを、対抗するように風が吹き払っていた。天文台での観測を一通り終えて、真一は天文台まわりのキャットウォークに出て、東の地平線を見つめていた。何事もないかのように、静かに天文薄明が始まり、空が明るくなり出して、微かな星たちは次第に姿を消していく。真一は双眼鏡を目に当て、東の地平線をなめるように観察した。ゆっくりと右へ、そして左へ。視野にはまだ天文薄明に抗うように光り続ける星がいくつかあるだけの静かな夜明けだった。

「あぁ、やはり尾は見えないなぁ。」

紫金山・アトラス彗星の尾が地平線から伸びていないか、を確かめていたのである。

その数ヶ月前のことを真一は思い出していた。観測前の真一は、ディスプレイを前に、インターネットで流れてきた情報の中で、セカニナ博士が紫金山・アトラス彗星の崩壊を予測している、という言葉に目が釘付けになっていた。真一は二つの事実に驚いていた。一つは、セカニナという人物が、まだ論文を書いていることだ。なにせ非常に昔の有名な論文で、その名前を知っているような歴史的人物だったし、すでに他界しているか、リタイアしているかと思いこんでいたからである。チェコ生まれで、ロシアがチェコに侵攻したときに米国に亡命したはずだから、第二次世界大戦前の生まれのはずだ。調べてみると1936年生まれだった。88歳で第一線の研究論文を書き続けているという事実に圧倒された。さらに、紫金山・アトラス彗星の接近の数ヶ月前に、その崩壊を予測して論文を執筆してしまっているスピードにも驚いた。天文学の論文は一般的にほとんど時間変化しないような現象を追いかけるものが多いが、太陽系天体の場合は時間変化が激しく、それだけにスピードも要求される。とはいえ、それにしても近日点通過前に、その挙動を予測するなど尋常なスピードではない。

真一は、さっそく公開されているプレプリント（出版前の草稿）をダウンロードして、読み始めて、さらに驚いた。データの積み重ねにも、論理構成にもまったく隙がないのだ。さすがは長年に亘って太陽系小天体研究を続けてきた先達だけあって、説得力があった。真一はうなってしまった。自分は80歳を超えても、これだけの研究をできるだろうか。そして論文を書けるだろうか。なんとなくそんな風に思ってしまった。

いずれにしろ、その論文を斜め読みし、真一はその予想があまりにも悲観的であること、つまり彗星そのものがすでに崩壊を始めており、近日点通過前には消失してしまうであろうと書かれていることに、いささかがっかりすると同時に、本当にそうなるのか、確かめてやろうという気になった。10月早々に、東の地平線に顔を出すかもしれない、紫金山・アトラス彗星の尾を探してみようという気になったのである。

キャットウォークに通じるドームの窓が開いた。今夜の観測当番でもあった林由貴であった。観測の撤収を終えて、上ってきたようだ。

「山田さん、どうですか？　やっぱり何も見えませんか？」

由貴は気軽に尋ねた。由貴も専門はもともと惑星科学で、大学院修了後にいちど民間企業にＩＴエンジニアとして就職したのだが、やはり真一と同じく、夜間観測の現場への憧れが強く、舞い戻ってきた。もちろん、給与は恐らくがくんと下がったはずだが、それに見合うものを得たことが彼女の振る舞いや言動から察することができていた。その意味では、真一は、ここで出会ったときから自分と同じセンスを持っている人だな、と思っていた。

「うん、やはりセカニナ先生は正しかったかもねぇ。尾の兆候はまったく見られないよ。」

「そう？」

返事を待たないうちから、由貴も自分で持ってきた双眼鏡を東の地平線に向けて探し始めた。由貴が黙々と双眼鏡を右へ、そして左へ動かす姿が、天文薄明の薄暗がりの中でも感じられた。真一は、なんとなく言葉を継げずに、やはり無駄であることは解りながらも、同じように双眼鏡で観察を続けた。

無言である。由貴は何かに集中すると、その間はまったくしゃべらなくなる。観測中も必要な会話は最小限で、自動で観測が進む間、おそらくその夜に自らに課した課題をこなすために集中することになる。それらの課題は、傍から見ていると種々雑多で、簡単そうな業務に関する書類作成などもあるが、たいていは由貴が力を入れている広報普及活動に関するものだった。例えば、それはスペースガードのＷＥＢサイトに掲載するための子ども向けの解説ページの文章作りだったり、自ら撮影した天体写真を使って星空の説明をするための記事作りだったり、である。たまに業務の一環ではあるが、小惑星の自動検出に関するプログラムのデバッグをしていることもある。元ＩＴエンジニアなので、この種の仕事はお得意なのだろうなぁ、と思って見ていたのだが、なんとなくそうではないらしい。広報普及的な仕事をしているときと、プログラムに取り組んでいるときの雰囲気がかなり違っていて、明らかに後者に取り組んでいるときの方がぴりぴりしているのだ。いや、むしろ前者の仕事をしているときの方が生き生きしているというべきだろうか。観測当番が由貴とペアになるときには、その違いによって、いま由貴が何に取り組んでいるのか、聞かなくてもだいたい見当が付くようになった。その落差をむしろ真一はいつもおもしろがっているふしもあった。

「うーん、やっぱり何もなさそうねぇ。」

無言で探し続けた由貴が双眼鏡から目を離して、呟いた。

「これだからおもしろいのよね。」

真一は、いささか意外だった。尾の兆候も見えない、明るくなると予想されていたのに、暗くなってしまうこと、もしかするとセカニナの論文で予想されたように崩壊・消失してしまうこと、その現実を目の前にして、がっかりするのではなく、むしろおもしろい、というのだ。それもかなり前向きな、そして嬉しそうな声色だった。

「ずいぶん愉しそうだなぁ……見えなくなっちゃったのに。」

真一はいささか皮肉っぽく応えると、間髪入れずに由貴がいう。

「そりゃそうよ。日食とか月食みたいに秒単位で計算予測できるようなのは、もう確立してしまっているから、何のおもしろみもないでしょ。わかりきってしまったことにはそれ以上は謎がないってことよね。彗星みたいなものは予測ができない、つまりまだまだ謎が残されているってこと。教科書に書いていないことがあるってことよ。こんなにおもしろいことはないでしょ。もちろん、予測にしたがって、その場所に行って皆既日食そのものに感動したりするのとは別の話よ。」

このような状況をおもしろいととらえられるのは、由貴の良いところなのかもしれない、と真一は思った。そう考えれば、確かにそうだ。いまから300年前の江戸時代には日食や月食の予測もしばしば外していたため、あの渋川春海は改暦を志したはずだった。それが万有引力の法則が発見され、宇宙における天体の動きは次第に解明され、月と太陽の動きも計算で正確に予測可能となっていった。いまや遠くの天体に正確に探査機を届けられる時代である。一方で、まだまだ謎は多く残されている。だいたい現代でも宇宙の構成物の95%は謎のエネルギー、つまり暗黒エネルギーと謎の暗黒物質でできていて、人類はまだその正体を知らないのである。それに比べれば、5%しか占めていない我々が正体を知っている物質でできた彗星一つとっても、その物質の組み合わせや量、そして物理的化学的状態によって、予測が外れるほど多様性があるといっても過言ではないだろう。そんな謎多きこと甚だしい彗星が、たとえ消えてしまってもおもしろいという感覚は、やはり研究者ゆえなのだろう。由貴は続ける。

「実は昨夜ねぇ、おもしろいことを見つけたの。お風呂に入ったとき、久しぶりに入浴剤を入れたのよ。炭酸系の泡が出るヤツ。それがねぇ、どんどん小さくなって、最後はばらばらに砕けて浮いてくるの。気泡が破片にくっついて浮力が生じたのね。で、そのばらばらになった破片を見ていたら、こりゃ彗星の崩壊と同じだな、と思ったのよ。」

真一は思わず、ぷっと噴き出しそうになった。昔、そんなたとえ話を聞いたことがあるからだ。あれは彗星に関する講演会だったろうか、割鍋先生という人が、彗星の崩壊消失の話をしたときに、炭酸系の入浴剤に喩えていたからだ。と、同時に由貴がお風呂の入っている姿を想像してしまい、真一はいささか面映くなった。天文薄明の時間帯で、顔もよく見えず、良かったと思った。

「ははは、割鍋先生が講演会で同じ話をしていたよ。」

そう答えると、由貴はいささかがっかりした様子でいう。

「えー、本当ですか？　なんだ、自分のオリジナルだと思ったのになぁ。」

気づけば、東の地平線の低いところにかなり赤みが差してきた。正面には、春の星座であるし し座が駆け上がろうとしており、その左手、北東の方向にはとても大きな北斗七星が上ってきつつあった。地平線に近いところで見る北斗七星は大きく見えるものだ。そんな北斗を見つめながら、真一は言葉をつないだ。

「由貴さん、それ今回の紫金山・アトラス彗星の崩壊を子どもさんに説明するために使おうと思ったんですか？」

「そう。わかります？」

由貴が来てから、スペースガードセンターの広報普及活動は格段にレベルが上がった。WEBサイトだけでなく、現地の見学対応の評判も断然良くなったのである。もともと彼女は人当たりが柔らかなだけでなく、何かをわかりやすく説明する能力に長けていた。見学者の対象年齢に合わせて、説明を巧みに変えるのである。研究者にはしばしば欠けている能力である。もちろん、奥山も浦上もどちらも下手なわけではない。研究者としていえば、説明は旨い方だと思う。しかし、由貴には敵わなかった。対象とする年齢に対して、発した言葉がどんな概念として伝わるかを注意深く考えたうえで、その年齢ですでに経験しているであろうことを土台にして、例え話を入れながら、説明を組み立てている。その巧みさには真一も感心してしまう他なかった。おそらく人に理解してもらいたい、おもしろさをわかってもらいたいという気持ちが強いのだろう。

真一は、由貴の方へ顔を向けようとして、南の地平線の上に思いがけないものを見つけて叫んだ。

「あ、カノープスだ！」

南の空高いところには、オリオン座やおおいぬ座といった冬の星座が燦然と輝いている。その下、地平線のすぐ上、瞬くように赤い光を瞬かせているのが、りゅうこつ座の1等星カノープスだった。もともと青白い星なのだが、南天の星のため、本州の緯度からは地平線近くに見えるために、夕日と同じ原理で赤く見える。その赤が中国ではおめでたい色なので、南極寿星とか南極老人星と呼ばれて、やがて神格化され、七福神の寿老人となった。高度が低いせいもあって、なかなか見ることが出来ないめずらしい星である。日本では一度見ると寿命が延びるという言い伝えもある。真一は真冬のカノープスは何度も見ているが、10月初旬のカノープスを眺めるのは、初めての経験だった。真冬の星ゆえに、この季節だとまだ明け方にならないと見えないわけだ。

「あ、本当だ！　やった、これで寿命が少し延びるのね。」

由貴もつられて叫んだ。あまりにも嬉しそうな声色に、真一までなんだか愉しくなった。徹夜

秋の夜明けのカノープス。（撮影：津村光則）

の観測の疲れや、紫金山・アトラス彗星が消えてしまった落胆など、どこかへ吹き飛んだような気分だった。

真一は、こんな星空を眺める度に何かしらの発見があるなぁ、と思う。もちろん、それは研究者として自慢できるような類いのものではない。自分自身の経験としての発見、いままで気づいていないことを気づく発見だ。頭ではわかっていても、あるいは机上での計算でわかっていても、実際に星空の元で宇宙を眺めると、違う発見がある。秋の夜明けのカノープスも、その一つだろう。そういった発見にめぐりあったときは、そのときの周囲の環境を五感で感じ取った記憶と共に脳裏に刻まれることが多い。祖父の家の縁側で、祖父から話を聞いたときの、たばこと蚊取り線香の匂いに重なった星空。原発事故の後、父の車で避難しながら、ラジオのニュースを背景に眺めた窓の外の星空。やけになって汗をかきつつ山を登りきったとき、駐車場で覗かせてくれた天体望遠鏡の金属の匂いと、望遠鏡が切り取った鮮やかな星たちの姿。そしてマウナケアの天文台で系外惑星の一つに大気の兆候を掴み、興奮しながら山麓へ降りるときに車窓を横切っていた天の川。真一は、今朝のカノープスも、良い記憶として刻まれるのかもしれないなと思った。それは由貴も同じかもしれない、いや同じだったらよいなと自然に思いが湧いてきた。その途端に、なんだか急に面映ゆくなった。その面映ゆさを悟られまいと、真一は再び双眼鏡を手にして呟いた。

「さて、最後にもう一度、紫金山・アトラス彗星の尾がないことを確認しておくかな。」

再び東の地平線を掃くように観察した。もちろん、尾があれば先ほどからも時間が経過しているため、少しは高度を上げているだろう。だが、どこにも尾がある兆候はなかった。

隣では、由貴も同じく双眼鏡に目を当てている。そして呟く。

「やっぱりないわねぇ。宇宙の藻屑と消えちゃったのねぇ。」

その声色は、悲しみではなく好奇心に満ちたものだった。真一は天心を見上げる。冬の絢爛豪華な星たちが、朝焼けに消えようとしている。想像できないほどの年月の間、あの星たちは輝き続けるんだろう。そんな宇宙の片隅で、星の一生に比べれば、瞬きほどの瞬間しか人間は生きることができない。そんな時間の圧倒的な差を思い浮かべると、逆にその瞬間が如何に奇跡的かと感じることができる。知的好奇心に溢れる生命として生まれ、その宇宙の不思議に挑んだり、その謎に驚嘆したりしている。そして、その時空間を奇跡的にいろいろな人と共有してきたし、いままたま由貴とこうして共有している。こんな奇跡はないなぁ、と真一は思うのだ。

宇宙の藻屑と消えた、紫金山・アトラス彗星を構成していた塵や砂は、あるいは氷はそれぞれ太陽系を飛び出して、宇宙空間を何億年とさまようことになるに違いない。そしてまたどこかで新しい星の誕生に寄与し、もしかすると新しい惑星の誕生の一部を担い、さらには生命の材料になるかもしれない。そんな壮大な宇宙の輪廻転生の物語の一端をいままさに見ているんだ、と真一は思う。二人を包み込んでいく朝焼けは、いつにも増して美しかった。

（終わり）

おわりに

筆者は1960年福島県の会津若松市というところに生まれた。ここは山に囲まれた盆地である。少年時代は、それらの盆地を取り囲む山々を眺めては、その外側にある未踏の地を夢見ていたものだ。あの山の端を越えたところはいったいどんな場所だろうか、どんな街にどんな人たちが住んでいるんだろうかと思いを馳せていたのだ。まさにドイツの詩人カール・ブッセの「山のあなたの空遠く、『幸《さいわい》』住むと人のいふ」というフレーズそのものだった。自転車で走り回れるようになると、友人たちと峠を越え、冒険旅行に向かうことしばしばだった。自分の行動範囲が広がること、いわば「自分の地平線」が広がることに、とてもわくわくしたものである。中学になると自転車ながらも県境を越えて出かけるようになり、その土地で自分たちとは異なるアクセントの方言に接したりすると、なんだか遠くに来た心持ちがして、いたく感激したものである。

地平線を越えて、それまで知らなかった世界を知る喜びは、〝知〟においても同じだった。幼い頃から、読書を通じて「知の地平線」を広げていくことにも、まったく同じわくわく感を持っていた。宇宙や昆虫の図鑑類などは、ぼろぼろになるまで眺めたものである。

筆者のような昭和30年代生まれの理科少年少女たちにとって、選択肢はそれほど多くはなかった。せいぜい虫、星、アマチュア無線の三つくらいしか熱中できるものはなかった気がする。そんな中でも、筆者の場合は次第に星が中心になっていった。火星の大接近とか皆既月食とかといった天文現象もあったし、何よりアポロ11号の月面着陸などで宇宙時代が到来していた影響もある。友人が天体望遠鏡を購入したというと、夜な夜なその家に仲間とともに集まって、なんだかんだと騒々しく天体を眺めていたのは、いまでは良い思い出である。天文年鑑には、その夜の天体現象などが詳しく予想されていたため、晴れることを願いながら、期待して待っていたものである。

小学校六年生の時、この漠然とした星や宇宙への〝憧れ〟が、本格的に〝天文学〟へと進む強い動機に変わった事件に遭遇する。１９７２年10月8日夜のジャコビニ流星群騒ぎである。その夜、流れ星が雨霰《あめあられ》のように降ると予測されており、雑誌や新聞でも大きく書き立てられていた。筆者は見晴らしの良い小学校の校庭で同級生とともに観測隊を組織し、流星の大出現に備えた。当時の小学校の担任の先生は、我々天文少年の熱心な説得が功を奏し、深夜にもかかわらず、「親がついてくるなら学校の校庭で観測してもよい」と許可してくれたのだ。いまから考えれば実に寛容な時代だった。仲間とともに意気揚々と校庭に出かけ、さぁ、と皆で流星の出現を待った。しかしである。流れ星はたった一つも出現しなかったのである。当時の天文学者の予想に反し、流星群の出現はまったく無かったのだ。この夜の様子は「ジャコビニ彗星の日」としてユーミンの楽曲にもなっている。

そして、この経験こそが、私に個人の知の地平線ではなく、「人類の知の地平線」を教えてくれた。それまで天文学は、すべて計算で予測ができると思っていた。天文年鑑には日食や月食、あるいは日の出・日の入りなどの天文現象の予測が、それこそ秒単位で計算され、掲載されている。それなのに、この流星群の場合は、天文学者が大出現すると予測したのに外れたのである。予測できなかったという事実の向こう側に、まだ解明されていない、謎に満ちた宇宙の未知の領域を感じたのだ。同時に実は教科書に書いていないことが、まだ世の中にたくさんあることも実感した。そして、こうも考えた。

「いまの知識で流星群の出現が予測されても、実際には出現しないことがある。とすれば逆もありうるのではないか。つまり流星群の出現が予測されていない夜に、もしかすると大出現があるかもしれない」と。

流れ星の多い少ないなどは、小学生でも30分ほど夜空を肉眼で監視していればできることである。夜な夜な外に出て、流れ星の観測を本格的に始めたのは、それからである。残念ながら予測されていない流星群の出現には遭遇できなかったが、ときどき現れる美しい流れ星の輝きが筆者を慰めてくれ、勇気づけてくれた。それ以来、筆者は将来、天文学者になって、流星群の謎を解明してやろうと決めた。そして、その謎を追いつづける天文学者となり、いまでも流星と流星群、そしてそれらを生み出す親である彗星の研究を続けている。もうかれこれ30年を超えているのだが、これらの予測の難しさを身にしみて痛感しているのと同時に、最前線に立って、人類の知の地平線を広げていくおもしろさも同時に感じているところである。

「知の地平線」の存在を実感すること。それは教科書に書いてあることを超えて、まだ未知の領域が存在することを認識することに他ならない。いまやインターネットで何でも検索すれば答えらしきものが見つかる時代ではあるが、実は まだまだ未知の世界が広がっているのである。そして、その「人類の知の地平線」までの距離は実はさほど遠くはない。今回の紫金山・アトラス彗星はまさにその実例と言ってもよいのではないだろうか。わからないゆえに、そして知の地平線の向こう側ゆえに、まだまだ予想できないことがある。そして予想できないからおもしろいのである。そのおもしろさが身近にあることをもっと知っていただきたい。そんな思いを伝えたいため、書き上げたのが本書である。考えてみれば、天文学はこうした知の地平線を一般の方々も気軽に感じていただくことができる分野の一つといえるだろう。皆さんが知の地平線の向こう側、謎に満ちた世界を少しでも知っていただき、そのおもしろさを感じていただければ幸いである。

なお、本文のプロローグ、第5章、エピローグの小説部分に登場する主人公は、筆者の前著である「第二の地球が見つかる日」(朝日新書)からの続編となっている。主人公を含め、登場する人物や組織は、実在のものとはまったく関係が無いことを申し添えておく。

渡部潤一　わたなべ じゅんいち

1960年 福島県会津若松市生まれ。天文学者。東京大学、東京大学大学院を経て東京大学東京天文台に入台。ハワイ大学研究員となり、すばる望遠鏡建設推進を担う。長年、天文学の広報・普及活動に携わる。2006年にIAU（国際天文学連合）の惑星定義委員として準惑星のカテゴリーを誕生させ、冥王星をその座に据えた。その後、自然科学研究機構国立天文台副台長を経て、現在は同天文台上席教授、総合研究大学院大学教授。2018年8月から2024年8月までIAU（国際天文学連合）副会長を務める。おもな著書に『賢治と「星」を観る』（NHK出版）、『星空の散歩道』（教育評論社）、『古代文明と星空の謎』（ちくまプリマー新書）、『しし座流星雨がやってくる』（誠文堂新光社）など多数。

協力：津村光則、長谷川均、鈴木文二、渡辺信一、秋澤宏樹、吉田誠一
藤井 旭、西條善弘、川村浩輝

カバーイラスト　沼澤茂美
デザイン　斉藤いづみ [rhyme inc.]

宇宙《うちゅう》を旅《たび》する不思議《ふしぎ》な天体《てんたい》の謎《なぞ》にせまる
なぜ彗星《すいせい》は夜空《よぞら》に長《なが》い尾《お》をひくのか

2024年9月20日　発　行　NDC440

著　者　渡部潤一《わたなべじゅんいち》
発行者　小川雄一
発行所　株式会社 誠文堂新光社
〒113-0033 東京都文京区本郷3-3-11
電話 03-5800-5780
https://www.seibundo-shinkosha.net/
印刷所　株式会社 大熊整美堂
製本所　和光堂 株式会社

ISBN978-4-416-52434-3